农民培训精品教材

水肥药一体化技术

乔存金　曹　娟　刘昭刚　徐　晶　褚冰倩　主编

中国农业科学技术出版社

图书在版编目(CIP)数据

水肥药一体化技术 / 乔存金等主编 . --北京：中国农业科学技术出版社，2024. 7. --ISBN 978-7-5116-6931-5

Ⅰ. S365

中国国家版本馆 CIP 数据核字第 20244SU603 号

责任编辑 白姗姗
责任校对 李向荣
责任印制 姜义伟　王思文

出 版 者 中国农业科学技术出版社
北京市中关村南大街 12 号　　邮编：100081
电　　话 (010) 82106638 (编辑室)　　(010) 82106624 (发行部)
(010) 82109709 (读者服务部)
网　　址 https://castp.caas.cn
经 销 者 各地新华书店
印 刷 者 鸿博睿特(天津)印刷科技有限公司
开　　本 140 mm×203 mm　1/32
印　　张 5
字　　数 125 千字
版　　次 2024 年 7 月第 1 版　2024 年 7 月第 1 次印刷
定　　价 39. 80 元

版权所有 · 翻印必究

《水肥药一体化技术》
编委会

主　编：乔存金　曹　娟　刘昭刚
徐　晶　褚冰倩

副主编：王丽芳　王宏志　王志芳
王立第　吕传伟　李香侠
李学玲　李佳茹　刘玉芝
杜　鹏　杨慧敏　张玉允
张春凤　侯桂云

编　委：王雪萍　闫玉娟　齐向阳
宋莹莹　陈丽华　陈　平
吴晓丹　孟　志　林　淼
苑　芳　林　亚

前　言

长期的化肥和农药大量使用是导致土壤板结、农田微生态环境恶化的重要原因，而粗犷式的施肥、施药模式也造成了极大的资源浪费，为使农产品生产过程更加高效、安全、环保，采用水肥药一体化技术对灌溉、施肥和施药过程进行集约化管理，不仅可以节水、节肥、省药、省工、省成本，还可以提高产量、增加经济效益，是现代农业值得推广的一项管理技术。

本书以浅显易懂的语言，介绍了水肥药一体化概论、水肥药一体化基础、水肥药一体化技术的主要设备、水肥药一体化技术的设备安装与调试、水肥药一体化系统及规划设计、水肥药一体化应用等内容。

编　者

2024 年 6 月

目　　录

第一章　水肥药一体化概论

第一节　水肥药一体化对农业可持续发展具有重要意义

施用化肥和农药作为农业生产过程中增产增收的主要方法，在全球范围内被广泛应用。21 世纪以来，我国每年化肥和农药用量逐年递增，但利用率仅 30%左右，氮、磷、钾及重金属等化肥和农药残留物在土壤中大量累积，对土壤、水体等环境的影响也越来越突出。随着人口数量增长和环境保护意识加强，农产品产量需求增加与传统农业生产过程中水肥药粗犷使用之间的矛盾逐渐加深，同时，设施农业与露天农作的经济作物长期连作使得土壤微环境严重恶化，各种土传病害时有发生，在耕地质量下降的同时，农作物产量和品质受到严重影响。采取更加科学、精确的施用化肥和农药的措施不仅可以减少资源的浪费，而且可进一步降低作物产品中农药残留含量，从而提升产品品质，有益于居民健康和饮食安全。

因此，发展“节水”“节肥”“节药”的现代农业对农业可持续发展具有重要意义。

水肥药一体化技术是指按照作物生育期生长需求，按一定的配比，将水、可溶性肥和农药兑在一起，通过一定的灌溉措施，将三者的混合液送入植株根部或叶片等部位。水肥药一体化技术在农作物增产提质、减少病虫害、资源高效利用等方面具有显著作用。随着水肥药一体化技术在作物种类、种植方式等方面的研究不断细化，在装备设计、智能化改造、实际生产应用等方面取得了一定的研究成果。

第二节　物联网水肥药一体化系统

物联网水肥药一体化系统，顾名思义，是将水肥药的施用与管理通过物联网技术实现一体化整合。该系统利用先进的传感器技术、云计算、大数据分析等现代科技手段，实时监测农田环境参数，如土壤湿度、养分含量、病虫害情况等，并根据作物生长需求，智能调节水肥药的供给量和施用时间，实现精准农业管理。

一、优势

精准管理：物联网水肥药一体化系统通过实时监测农田环境参数，为作物提供精准的水肥药供给，避免了过量或不足的问题，提高了资源利用效率。

高效节能：系统能够根据作物生长需求，智能调节水肥药的供给量，减少了资源的浪费，同时也降低了生产成本。

环保可持续：精准的水肥药管理有助于减少化肥和农药的使用量，降低对环境的污染，实现绿色农业生产。

智能便捷：物联网水肥药一体化系统支持远程监控和操作，用户可以通过手机或电脑随时了解农田情况，并进行远程调控，大大提高了农业生产的便捷性。

二、应用场景

物联网水肥药一体化系统广泛应用于各类农田、果园、温室等农业生产场景。无论是大田作物还是经济作物，该系统都能根据作物生长需求，提供精准的水肥药管理方案，帮助农民实现增产增收。

第三节　水肥药一体化实施效果

一、节水

省水是滴灌技术的基本理念。通过滴灌设施，可减少水分的下渗和蒸发，提高水分利用率，增加用水次数，减少每次用水数量。根据不同作物和不同生长时期，在露天条件下微灌与大水漫灌相比，节水率达 50%左右。保护地栽培条件下，滴灌与畦灌相比，每平方米大棚一季节水节水率为 30%~40%。

二、节肥

水肥药一体化技术实现了平衡施肥和集中施肥用药，使肥药均匀直达作物根部，减少肥料药物的挥发和流失，以及养分过剩或被土壤固定等造成的损失，具有施肥简便、供肥及时、用药集中、作物易于吸收、提高肥料药物利用率等优点。在作物产量相近或相同的情况下，水肥药一体化与传统技术施肥相比，节省化肥 40%~50%。

三、水肥药均匀

使用水肥药一体化技术灌溉可实现水肥药按所需比例均匀混合，通过滴头向整块土地均匀灌溉，还能做到灌水、施肥、施药精准控制，使作物能在需要的时候获得合适的水肥药。

四、省工省成本

水肥药一体化技术大大节约了工时，省水、省肥、省药、省工，减少了生产成本，提高了生产效益。

五、改善微生态环境

保护地栽培采用水肥药一体化技术，明显降低了棚内空气湿度，滴灌施肥与常规畦灌施肥相比，空气湿度可降低8.5%~15%，同时保持了棚内温度。增强微生物活性，滴灌施肥与常规畦灌施肥技术相比，地温可提高2.7℃，有利于增强土壤微生物活性，促进作物对养分的吸收。有利于改善土壤物理性质，常规灌溉由于水流重力、冲击力、频繁的田间作业以及水多水少造成微生物特别是好氧性微生物减少等原因，往往使土壤板结，影响农作物生长。滴灌施肥克服了因灌溉造成的土壤板结，土壤容重降低，孔隙度增加。减少土壤养分淋失，减少地下水的污染。

六、减少病害，节省用药

大多数病虫害是田间湿度过大而引起的。水肥药一体化技术的应用有效控制了环境湿度，减少了病虫害的发生，土传病害得到有效控制，在很大程度上抑制了作物病害的发生，减少了农药的投入和防治病害的劳力投入，可以减少农药用量15%~30%，节省劳动力10~15人次。

七、增加产量，改善品质，高效生产

多数作物会因为土壤中的水分而影响生长，水肥药一体化滴灌技术则能使作物根部水分始终保持在作物生长需水的最佳状态，使作物在整个生长周期保持持续旺盛的生长发育，奠定了丰产优质的基础。水肥药一体化技术可促进作物产量提高和产品质量的改善。

第二章　水肥药一体化基础

第一节　水溶性肥料及配制

一、水溶性肥料的分类

广义上，水溶性肥料是指能够快速溶解于水中的大量元素单质水溶肥料、复合水溶肥料、农业农村部规定的水溶肥料和有机水溶肥料等。

与普通颗粒复混肥相比，水溶性肥料具有养分全且含量高、水不溶物含量低等优点，能够迅速溶于水中，被作物吸收利用。根据不同分类标准，水溶性肥料的类型有所区别。按照物理形态的不同，水溶性肥料可以分为固体水溶肥料和液体水溶肥料，其中固体水溶肥料可根据固体的具体形态分为颗粒状和粉末状，而液体水溶肥料可以根据液体的具体形态分为清液型水溶肥料和悬浮型水溶肥料。按照功能的不同，水溶性肥料可以分为营养型水溶肥料和功能型水溶肥料，营养型水溶肥料主要补充作物生长所需要的营养物质，包括大量元素水溶肥料、中量元素水溶肥料、微量元素水溶肥料等；功能型水溶肥料则会添加植物源、动物源、矿物源等功能活性物质，包括含腐植酸、氨基酸、海藻酸等的有机水溶肥料，能够改良土壤、刺激作物生长、改善作物品质。企业需要根据水溶性肥料的国家和地方标准进行研发、生产和登记水溶性肥料产品，其中，国家标准明确规定大量元素水溶肥料中的大量元素含量不低于

50%，中量元素水溶肥料中的中量元素含量不低于 10%，微量元素水溶肥料中的微量元素含量不低于 10%；严格要求水不溶物含量均不高于 5%，其稀释 250 倍后的肥液 pH 值必须控制在 3.0~9.0，部分含腐植酸、氨基酸和海藻酸等有机水溶肥料的标准则由企业拟定。

结合我国实际情况，水溶性肥料及其一体化技术具有以下优势。

第一，我国水资源时空分配不均，水肥药一体化技术可以提高作物的水分利用率、节约水资源。

第二，水溶性肥料是一种经济又高效的肥料，其原材料通常是廉价的液氨和尿素，生产过程无须进行废气、废渣、废水的处理。

第三，水溶性肥料的施肥作业基本实现全自动化，可节约劳动力成本，给农户带来生产便利。

第四，水溶性肥料随水施用，直接施于根系或作物叶面，避免养分流失或被土壤固定，提高养分的有效性，其养分吸收率为常规复合肥的两倍。

二、无机水溶肥料

（一）原料选择

水溶性肥料生产原料一般选择水溶性强（速溶、溶解度高）、杂质少、有效成分高、副成分少的单一元素或多元素原料，原料的质量直接决定水溶肥料产品的质量。目前无机水溶肥料常用的一些生产原料主要有以下几种。

1. 氮源

氮肥分为铵态氮肥、硝态氮肥和酰胺态氮肥。目前常用的铵态氮肥主要有液氨、碳酸氢铵、氯化铵、硝酸铵和硫酸铵等。硝态氮肥主要有硝酸钙、硝酸钠、硝酸铵钙和硝酸钾等。

酰胺态氮肥则主要以尿素为主。

（1）液氨。又称无水氨（分子式：NH_3），是一种无色液体，有强烈刺激性气味，含氮82.1%。氨是重要的化工原料，为运输及储存便利，通常将气态的氨气通过加压或冷却得到液态氨。氨易溶于水，溶于水后形成铵根离子（NH_4^+）、氢氧根离子（OH^-），呈碱性。液氨多储于耐压钢瓶或钢槽中，且不能与乙醛、丙烯醛、硼等物质共存。液氨在工业上应用广泛，具有腐蚀性且容易挥发，因此其化学事故发生率很高。

液氨主要用于生产硝酸、尿素和其他化学肥料，还可用作医药和农药的原料。

（2）碳酸氢铵。又称碳铵（分子式：NH_4HCO_3），是氨的一种碳酸盐，含氮17.7%左右。可作为氮肥，由于其可分解为NH_3、CO_2和H_2O（蒸发）3种气体而消失，故又称气肥。生产碳铵的原料是氨、二氧化碳和水。碳酸氢铵为无色或浅色化合物，粒状、板状或柱状结晶，碳铵是无（硫）酸根氮肥，其3个组分都是作物的养分，不含有害的中间产物和最终分解产物，长期使用不影响土质，是最安全的氮肥品种之一。

碳酸氢铵是一种碳酸盐，不能和酸一起放置，因为酸会和碳酸氢铵反应生成二氧化碳，使碳酸氢铵变质。

碳酸氢铵的分子式中有铵根离子（NH_4^+，即带1单位正电荷），是一种铵盐，而铵盐不可以和碱共放一处，所以碳酸氢铵切忌和NaOH（俗名：火碱、烧碱、苛性钠，化学名：氢氧化钠）或$Ca(OH)_2$（俗名：熟石灰，化学名：氢氧化钙）放在一起。因为铵盐和碱共热会生成氨气，使化肥失效。

碳酸氢铵在水中呈碱性反应。易挥发，有强烈的刺激性臭味。10~20℃时，不易分解，30℃时开始大量分解。我国多数地区主要作物的施肥季节在5—10月，其间平均温度在20℃以上，恰值碳酸氢铵开始较多分解的转折点，施用时必须引起注意。

碳酸氢铵用作氮肥，适用于各种土壤，可同时提供作物生长所需的铵态氮和二氧化碳，但含氮量低、易结块；用作分析试剂，也用于合成铵盐和织物脱脂；用作化学肥料；能促进作物生长和光合作用，催苗长叶，可作追肥，也可作底肥直接施用。

(3) 氯化铵。氯化铵，简称氯铵（分子式：NH_4Cl），又称卤砂，是一种速效氮素化学肥料，含氮量为 24.0%～25.4%，属于生理酸性肥料。氯化铵为无色结晶或白色结晶性粉末；无臭，味咸、凉有微苦；有引湿性。在水中易溶，在乙醇中微溶，但不溶于丙酮和乙醚。水溶液呈弱酸性，加热时酸性增强。对黑色金属和其他金属有腐蚀性，特别对铜腐蚀作用更大，对生铁无腐蚀作用。氯化铵由氨气与氯化氢或氨水与盐酸发生中和反应得到，受热容易分解。主要用于制造干电池、蓄电池、铵盐，以及鞣革、电镀、精密铸造、医药、照相、电极，为黏合剂。有时还用作酵母菌的养料和面团改进剂等。

氯化铵在农业上可作氮肥施用，其作用机制与硫酸铵相似，但施用氯化铵造成的土壤酸化较硫酸铵严重。可作基肥、追肥，不能用作种肥。此外，对氯敏感的作物（烟草、甘蔗、马铃薯等）也不可大量施用。

(4) 硝酸铵。硝酸铵，简称硝铵（分子式：NH_3NO_3），为白色结晶，铵态氮和硝态氮的总含量为35%。

硝酸铵易溶于水，溶液的沸点和相对密度随浓度的增加而增大。硝酸铵还易溶于液氨、甲醇和丙酮等溶剂中。硝酸铵溶于液氨生成 $NH_4NO_3 \cdot 2NH_3$ 等类型的氨络合物，氨络合物比液氨的蒸气压小得多，故氨络合物较易贮存和运输，因此，常作为复合肥料生产中的中间体。

(5) 硫酸铵。肥料级硫酸铵，简称硫铵［分子式：$(NH_4)_2SO_4$］，分子量为 132.14，含氮量为 21.2%。

硫酸铵是白色斜方晶系结晶，易溶于水，不溶于酒精、丙

酮，与碱性物质相互反应放出氨气，潮湿的硫酸铵对钢铁有腐蚀性。硫酸铵分解温度为 280℃，放出氨气变为酸式硫酸铵（分子式：NH_4HSO_4），温度的变化对硫酸铵在水中的溶解度影响不大，本身相对吸湿性较小。

硫酸铵主要在农业上作为氮肥，优点是吸湿性相对较小，不易结块，与硝酸铵和碳铵相比，具有优良的物理性质和化学稳定性；硫酸铵是速效肥料，也是很好的生物性肥料，在土壤中的反应呈酸性，适于碱性土壤。缺点是含氮量偏低，但是硫酸铵除含氮外，还含硫，对农作物生长极为有利。另外，在工业上应用也很广泛，如在医药上用作制酶的发酵氮源，纺织上用作染色印花助剂，精制的硫酸铵用于啤酒酿造。

（6）硝酸钙。硝酸钙［分子式：$Ca(NO_3)_2$］含氮量为 13.0%，外观为白色或略带其他颜色的细小晶体，吸湿性较强，容易结块，易溶于水，水溶液呈酸性，为生理碱性肥料。它含有丰富的钙离子，连年施用能改善土壤的物理性质。

（7）尿素。尿素［分子式：$CO(NH_2)_2$］是由碳、氮、氧和氢组成的有机化合物。分子量为 60，无色或白色针状或棒状结晶体，工业或农业品为白色略带微红色固体颗粒，无臭无味。含氮量约为 46.67%，熔点为 132.7℃。溶于水、醇，难溶于乙醚、氯仿。呈弱碱性，可与酸作用生成盐，有水解作用。在高温下可进行缩合反应，生成缩二脲、缩三脲和三聚氰酸。加热至 160℃ 分解，产生氨气同时变为氰酸。尿素含氮 46%，是固体氮肥中含氮量最高的。

2. 磷源

相对于氮源而言，目前用于生产水溶性肥料的磷源相对较少，主要有工业级磷酸一铵、磷酸二铵、磷酸二氢钾、磷酸脲、聚磷酸铵、正磷酸盐、亚磷酸盐等。目前我国水溶性肥料生产过程中以工业级磷酸一铵、磷酸二铵使用最为普遍，磷酸二氢钾和磷酸脲因价格相对较昂贵而使用较少，部分企业也有以亚磷酸盐和正磷酸盐作为磷源的。

3. 钾源

钾源主要有氯化钾、硫酸钾、硝酸钾和磷酸二氢钾。

（1）氯化钾。肥料级氯化钾一般含 K_2O 57%~62%，氯化钾主要用于粮食、棉花的基肥或追肥。烟草、马铃薯、甘薯、柑橘等作物对氯化钾中氯离子敏感，不宜过多施用。氯化钾易吸湿结块，包装、贮存和运输时要密封，注意防水防潮。氯化钾是一种生理酸性肥料，使用后，部分氯离子残留于土壤中，会使土壤酸化，降低肥效，因此，土壤中长期使用氯化钾后，应施加适量的石灰来中和积累的氯根，以改善土壤性质。

（2）硫酸钾。主要用于农业，是无氯化肥的主要品种，特别适于烟草、棉花、葡萄、茶叶、柑橘、马铃薯、麻类及甜菜等多种经济作物。工业上用于制造碳酸钾、过硫酸钾、硫酸铝钾等钾盐，以及染料中间体、玻璃工业的沉淀剂、香料的助剂、医药上的缓泻剂制造。

（3）硝酸钾。硝酸钾主要为制造烟花、鞭炮、黑色火药、导火索、火柴的主要原料；在医药卫生上用来制造利尿药、清凉剂等；硅酸盐工业用于制造玻璃、陶瓷的助剂；冶金工业用作氧化剂，农业上用作肥料，硝酸钾中的硝酸根和钾离子都可被植物吸收，为低盐肥料，是水溶性肥料理想的原料，降低生产成本是其大量应用的关键。

4. 中微量元素

在生产水溶性肥料过程中，钙肥常用的有硝酸钙、硝酸铵钙、氯化钙。镁肥常用的是硫酸镁，溶解性好，价格便宜。硝酸镁由于价格昂贵较少使用。现在硫酸钾镁肥越来越普及，既补钾又补镁。硼酸和硼砂虽在常温下溶解性很低，但在灌溉施肥时有大量的水去溶解，且施肥时间长，一般不存在溶解难的问题。微量元素很少单独通过灌溉系统应用，一般通过将含微

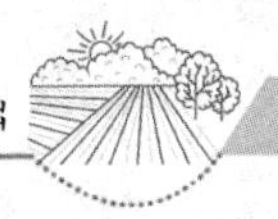

量元素的水溶性复合肥一起施入土壤。

（二）产品简介

在无机水溶肥料中，主要有大量元素水溶肥料、中量元素水溶肥料和微量元素水溶肥料 3 种，目前在大田滴灌作物中应用最多的是大量元素水溶肥料（微量元素型）。

1. 大量元素水溶肥料

大量元素水溶肥料主要是含氮、磷、钾的水溶肥料，在滴灌作物中应用最多，以大量元素水溶肥料（微量元素型）为主。在这类肥料中一类是根据作物需肥规律及土壤肥力状况配制的全营养水溶肥料，不需要再施其他肥料，不同生育期配方不同；另一类是以磷、钾为主的水溶肥料，在施用中需要配合尿素使用，与尿素的配比根据作物需肥规律来确定，满足作物生长需求，这类产品在尿素生产厂多、运输距离远的地区，可降低水溶肥料的氮原料成本，使用灵活方便。

大量元素水溶肥料采用的原料：氮为尿素、硫酸铵，磷为磷酸一铵，钾为氯化钾、硫酸钾，微量元素为络合锌、络合锰、硼酸等，按照配方进行处理混合而成。

大量元素水溶肥料产品的技术指标：$N+P_2O_5+K_2O \geq 50\%$，微量元素 0.2%~3%，水不溶物≤1%，水分≤2%。

2. 含碳素水溶肥料

含碳素水溶肥料也是大量元素肥料，其与大量元素水溶肥料的区别在于既能随水施肥、补充作物养分、增进肥效，同时又能提供二氧化碳以提高作物的光合效率，促进生长、抗逆，提高作物产量及品质。

含碳素水溶肥料是通过如下技术方案来实现的。

（1）碳素原料选用碳酸氢铵或与碳酸氢钾的混合物。碳酸氢铵 $N \geq 17\%$，$CO_2 \geq 55\%$；碳酸氢钾 $K_2O \geq 46\%$，$CO_2 \geq 43\%$。

（2）磷原料选用磷酸氢二铵或磷酸氢二钾。磷酸氢二铵N≥21%，P_2O_5≥53%；磷酸氢二钾P_2O_5≥40%，K_2O≥53%。

（3）钾原料选用氯化钾或硫酸钾。氯化钾K_2O≥60%；硫酸钾K_2O≥50%。

（4）微量元素选用Zn、B、Mn、Fe、Cu、Mo的可溶性盐的任一种或几种，进行络合反应。

微量元素Fe、Cu、Zn、B、Mn、Mo的可溶性盐优选为：硫酸亚铁、硫酸铜、硝酸铜、硫酸锌、硼酸、硫酸锰、钼酸铵。

微量元素Zn、B、Mn、Fe、Cu、Mo的可溶性盐最好按Fe、Cu、Zn、B、Mn、Mo的先后顺序加入溶解，进行共体分步络合，滴灌干燥至水分含量≤2%，微量元素含量≥20%。

采用本方法制取的含碳素水溶肥料，既能补充作物养分、增进肥效、促进生长，同时又能提供二氧化碳，提高作物的光合效率、产量及品质，特别是能够方便地根据土地和作物生长的实际需要，灵活调配养分配比，因而极大地方便了使用。

根据本方法生产的含碳素水溶肥料为结晶粉末状，有利于肥料快速溶解而不易结块。

含碳素水溶肥料产品的技术指标：CO_2含量33%~46%，微量元素≥0.2%，$N+P_2O_5+K_2O$≥25%，pH值8，水不溶物≤1%，水分≤2%。

根据本方法生产的含碳素水溶肥料的各组分配比，应考虑具体的土壤条件、作物种类及不同生育期的需肥规律，进行适当的调整，以满足作物生长的需要。

（5）含碳素水溶肥料的使用方法。可以根据土壤供肥能力、作物需肥规律和目标产量，确定各生育期的肥料养分配比和施用数量。要水肥同进，少量多次，以满足作物的生长需要。

①将该肥料加入肥料容器中溶解。

②在一次滴灌延续时间的中间时段注入肥料溶液，开启阀门先小后大，注入量尽量少，保持均匀。杜绝快速注入，施肥不匀。

③可根据作物的长势，适当对滴灌肥的用量进行调整。

三、有机无机水溶肥料

有机无机水溶肥料是将水溶性有机物与无机肥料结合的肥料产品，目的是在滴灌中有机无机结合，提高肥料利用率及作物产量，充分利用有机物资源，降低施肥成本，提高耕地质量，实现节水农业可持续发展。

（一）原料选择

1. 氨基酸

氨基酸含有多种营养成分，其养分全、活性高。在几十种氨基酸中，农作物所必需的有 9 种，分别是苏氨酸、缬氨酸、蛋氨酸、异高氨酸、苯氨酸、精氨酸、甘氨酸、赖氨酸、组氨酸。氨基酸本身就是一种非常有效的植物营养剂，尤其对其中的甘氨酸、赖氨酸、谷氨酸、亮氨酸等合理应用，能够促进植物根系生长、壮苗、健株，增强叶片的光合作用及作物的抗病虫害能力，对多种作物均有较显著的增产效果。

(1) 氨基酸可以促进植物的光合作用。这是由氨基酸本身的特性所决定的，尤其是其中的甘氨酸可以增加植物叶绿素的含量，提高多种酶的活性，促进作物对二氧化碳的吸收利用，为光合作用增加动力，使光合作用更加旺盛，这对提高作物品质、增加作物品种的维生素 C 含量和含糖量都有重要的作用。氨基酸中还含有多种营养元素，这些营养元素对农作物的生长具有长效和速效的补肥作用，因此，可以将氨基酸做成叶面肥料，进行叶面喷施，这样可以将补充营养与提高光合作用双效合一，同时进行，为作物的丰产丰收打下坚实的基础。

（2）氨基酸是有效的植物生长调节剂。作物生长发育过程中需要多种营养元素物质，这些物质的吸收数量、比例及在植物体内的平衡状况，对农作物各时期的生长影响很大，直接关系作物产品的品质，而氨基酸正是解决这一问题的关键成分，植物灌施氨基酸营养液肥可增加植物体内所需的各种元素，从而加速干物质的积累，提高各种元素从植物根部或叶部向其他部位运转的速度和数量，调节各种营养成分的平衡比例，从而起到调节植物生长的作用。

（3）氨基酸也是强有力的络合剂。它可以将农作物生长所需的大量元素和微量元素充分螯合在一起，对作物所需元素产生保护作用，并且生成溶解度好、易被作物吸收的螯合物，从而有利于农作物的吸收。

氨基酸原料的产品质量指标：氨基酸原粉，氨基酸≥50%，水不溶物≤1%，水分≤1%。

2. 腐植酸

了解和掌握腐植酸的理化性质对生产使用腐植酸类物质和开发腐植酸类产品具有重要的指导作用。腐植酸的一些理化性质，可用腐植酸的热稳定性、表面活性、吸附性能、络合作用、黏度特征和生物活性来描述。

（1）热稳定性。热重分析和微热重分析是研究腐植酸的主要手段。腐植酸为有机弱酸，其羧基的稳定程度可表征腐植酸的稳定性。经测定，土壤腐植酸在200℃左右开始脱羧，风化煤腐植酸在250℃开始脱羧，而泥炭腐植酸在脱除羧基温度上与土壤腐植酸相近。由此可见，在生产开发腐植酸类产品的过程中，了解腐植酸的稳定性对设计生产工艺很重要。

（2）表面活性。农用化学品具有一定的表面活性，对产品定型和作物吸收运转均产生影响。腐植酸是天然有机大分子化合物，其中低分子量部分称为黄腐酸。水中溶入黄腐酸后会引起表面张力改变，进一步说明腐植酸的表面活性特性。

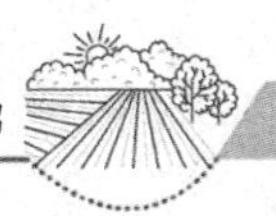

(3) 吸附性能。腐植酸富含羧基和酚羟基等活性官能团，很容易吸附在土壤胶体表面，使土壤颗粒物上增加新的吸附位点，且具有疏松多孔的结构和巨大的表面积与表面能，从而可吸附可溶态的重金属，降低可溶态重金属含量，减少碳酸盐结合态、氧化物结合态重金属的含量，增加重金属的有机结合态和残渣态。对农药的吸附主要是形成氢键和离子交换作用，而配位交换、电荷转移、化学吸附及物理吸附作用也可能同时存在。腐植酸正是通过这些可能的相互作用而达到对农药的吸附，从而体现出对农药的增溶、增效、分解和降低农药毒性的作用。

(4) 络合作用。腐植酸在其化学结构上带有大量的活性基团，并且以羧基和酚羟基为主要结构基团，客观上有与金属离子形成络合物的可能性。经测定，腐植酸对金属离子的饱和吸附量和选择吸附量与自身的羧基和酚羟基的含量有关，进一步研究证实，羧基起主要作用。另外的研究认为，腐植酸与金属离子的反应包括离子交换、络合和表面吸附，其中前两者是主要的。由此可见，腐植酸具有络合作用是无疑的。

(5) 黏度特征。黏度测定是获得腐植酸在溶液中分子的形状、大小、质量、聚集状态或氢键缔合情况等信息的主要手段之一。如某种溶液风化煤腐植酸，在浓度$<1\%$时，其黏度随浓度的增加而增加相当缓慢；浓度在 1%~2%时，黏度增加逐步变快；在浓度$>2\%$时，其黏度变化几乎呈直线上升。这种黏度特征不仅反映了其聚电解质性质和浓度加大时氢键缔合的增加，而且还反映了分子间的相互缠结程度。

(6) 生物活性。长期以来，国内外对腐植酸类物质在农业上的应用研究主要在于腐植酸对土壤的改良作用，以及腐植酸肥料的效果及其对其他肥料的增效作用，而对腐植酸类物质的生物活性及生理效应的研究都相当薄弱。一般情况下，将其归纳为提高酶活性及增加呼吸作用。20 世纪 90 年代初期，国外对腐植酸类物质的生理生化效应方面的研究仍着重于它对膜透性、能量代谢及酶活性等的影响，国内则将腐植酸的生物活性和生理效应作为生物学基础方面的重点研究。归纳的效应特征为以下几个方面。

①改变气孔开张度。以小麦叶面喷施黄腐酸为例，可使小麦体内的水分状况有所改善，气孔开度减小，气孔阻力增加，控制麦株体内水分的散失，有利于体内碳水化合物向籽粒转移，粒重提高。

②根系及分蘖效应。根系是植物吸收水分和养料的器官，也是合成活性物质的场所，根量的增加和根系活力的提高是植物生长发育的关键。而分蘖又是构成产量的重要组成部分，腐植酸类物质可促进植物根系的发育，保持根系活力，增加分蘖数和有效分蘖。腐植酸类物质使植物增加次生根条数和长度，使分蘖提前出现，总分蘖数及有效分蘖增加无疑使植物对水分和养料的吸收运转加强，促使植株生长健壮和产量基础因素形成。因此，腐植酸类物质对植物根系和分蘖的影响均表现出明显的植物生长动态效应。

③种子的发芽效应。种子的发芽率和发芽势是评价种子的重要指标之一。长期以来种子处理多采用拌种、浸种和包衣的方法。使用目的除了防治病虫害外，主要就是为了提高种子的发芽率和发芽势，这是现代农业的需要，也是科学种植的有效措施。用腐植酸类物质进行种子处理，可明显提高种子的发芽率和发芽势，同时促使出苗早、多、齐、壮等。但是，只有在适播温度和低于适播温度而且腐植酸的浓度在一定范围时，才对发芽有促进作用，温度较高时则出现抑制作用。这是因为种子发芽时需要一定的条件，在一定温度范围内，温度越高，吸水越快，酶活性越强，物质和能量的转化也越快，因而种子的发芽也就越快。在有效时间内促使种子发芽，表现为发芽率的提高。

④对酶活性的影响。腐植酸类物质对多种酶都能够产生不同程度的影响。对植物来说，酶活性的高低与植物对养分的吸收、干物质的积累、产量的提高和品质的改善是密切相关的。植物体内的一切合成、转化与分解等生物化学反应都是在酶的参与下进行的。酶的作用大小则是以酶的活性来体现的，如提高过氧化氢酶的活性，使植物新陈代谢旺盛，抗御衰老；提高硝酸还原酶和多酚氧化酶的活性，可使植物在逆境条件下生存和提高抗病能力；提高转化酶的活性，可改善果实的品质。另外，腐植酸类物质对酸性转化酶和细胞超氧物歧化酶同样具有提高活性的作用。

⑤对叶绿素的影响。叶绿素是植物把从根部和叶片吸收的物质合成为碳水化合物的媒介。在植物生长发育过程中，其作用与根系同等重要。叶绿素的分解对水分胁迫最为敏感，在水分胁迫和干热风的影响下其分解加强，叶绿素的含量下降，光合作用的强度同时下降。腐植酸类物质对提高植物叶绿素含量的效应非常明显。凡是经腐植酸类物质作用，都能显著地提高叶绿素的含量，而且在植物生长发育的不同时期均能表现出叶绿素的增加。

（二）产品简介

1. 含腐植酸水溶肥料

含腐植酸水溶肥料是一种高浓度、水溶性好、无公害、利用率高、有机无机结合随水滴灌施肥的专用肥料。该产品适用于各种滴灌作物随水施肥，可提高作物产量和品质。

2. 含氨基酸水溶肥料

含氨基酸水溶肥料是一种高浓度、水溶性好、无公害、利用率高、有机无机结合随水滴灌施肥的专用肥料。该产品可供各种滴灌作物随水施肥，可提高作物产量和品质。

四、生物有机水溶肥料

微生物是土壤活性和生态功能的核心，是耕地土壤质量提升的关键要素。各种功能的微生物肥料在耕地质量提升中发挥着重要作用。具有固氮、溶磷、解钾等功能的微生物肥料，可以增加土壤氮素，活化土壤中的磷钾元素，促进养分的转化循环，提高耕地土壤的生物肥力和基础地力。具有根际促生功能的微生物肥料，通过分泌植物生长激素等促进植物生长，降低化肥用量，提高化肥利用率，既提高了耕地土壤的肥力，又提高了耕地土壤的环境质量。一些具有生物防治作用的微生物，通过竞争及重寄生作用与病原菌争夺生长的空间和营养，抑制了病原菌的繁殖为害，可显著减轻作物病害的发生，提高作物产量。土壤有机质含量偏低是我国耕地的一个特征，微生物是土壤有机质形成和分解过程的主要驱动力量。

在滴灌中应用生物有机水溶肥料具有一定优势：生物有机水溶肥料滴施在作物根区湿润土壤中，较好的水肥生存条件有利于微生物的繁殖，发挥其作用。应用的关键：一是微生物菌剂的筛选，要保证微生物对本地土壤、气候的适应性；二是为微生物创造较好的生存环境，若土壤有机质含量较低，不利于微生物的繁殖，将水溶性有机物与微生物菌剂有效结合，可提高微生物的繁殖效率，增强其应用效果。生物有机水溶肥料，是在有机无机水溶肥料的基础上，加大有机物的比例，添加有益微生物，实现滴灌中生物有机无机结合。

在生物有机水溶肥料中，可用的生物菌剂有枯草芽孢杆菌、淡紫拟青霉菌、哈茨木霉菌等，这些菌剂各有特点。

（一）枯草芽孢杆菌

1. 枯草芽孢杆菌具有竞争优势

枯草芽孢杆菌施入土壤后，和其他微生物争夺氧气和营养

物质，具有竞争排他性，它在作物根部形成了优势生物种群。通过这种方式，枯草芽孢杆菌有效地防止了其他病菌的侵入，获取了周围菌的营养，病原菌的生长受到抑制，枯草芽孢杆菌像疫苗一样起到了防病抗病的作用。

2. 枯草芽孢杆菌的生物拮抗作用

枯草芽孢杆菌生长过程中能代谢分泌细菌素（枯草菌素、多黏菌素、制霉菌素等）、脂肽类化合物、有机酸类物质等，这些代谢产物可有效抑制病原菌的生长或溶解病原菌，杀死病菌。

枯草芽孢杆菌分泌的酶类有几丁质酶抗菌蛋白，对多种植物病原菌具有强烈抑制作用。枯草芽孢杆菌代谢分泌的脂肽类化合物可用于防治小麦白粉病、稻瘟病、赤霉病、纹枯病、炭疽病、黄瓜霜霉病、番茄青枯病、灰霉病等病害。

3. 枯草芽孢杆菌的杀菌溶菌作用

枯草芽孢杆菌可在病原菌的菌丝上伴随生长，分解消耗病原菌，使病菌菌丝发生断裂、解体细胞消解，这样病原菌就不能进一步侵染植株。

4. 枯草芽孢杆菌可大幅促进植物生长

枯草芽孢杆菌在防病抗病的同时，还可诱导作物产生吲哚乙酸等物质，提高作物生长激素的水平，从而促进作物生长。

5. 枯草芽孢杆菌可诱导植物产生抗性

枯草芽孢杆菌能通过诱发植物自身抗病机制，增强植物的抗病性能。枯草芽孢杆菌激活植物的天然防御机制，使植物免受病原物为害，这是枯草芽孢杆菌作为生防菌发挥生防作用的一个重要方面。

（二）淡紫拟青霉菌

淡紫拟青霉菌新型纯微生物活孢子制剂，具有高效、广谱、长效、安全、无污染、无残留等特点，可明显刺激作物生长。试验证明，在植物根系周围施用淡紫拟青霉菌剂，不但能明显抑制线虫侵染，而且能促进植物根系及植株营养器官的生长，如播前拌种、定植时穴施等，对种子的萌发与幼苗生长具有促进作用，可实现苗全、苗绿、苗壮，一般可使作物增产 15%以上。

淡紫拟青霉菌具有繁殖快速、生命力强、安全无毒等特点，能分泌合成多种有机酸、酶、生理活性物质等。淡紫拟青霉菌属于内寄生性真菌，是一些植物寄生线虫的重要致病菌，能够寄生于卵，也能侵染幼虫和雌虫，可明显减轻多种作物根结线虫、孢囊线虫、茎线虫等植物线虫病的为害。

（三）哈茨木霉菌

哈茨木霉菌作为一种生防菌，可以用来预防由腐霉菌、立枯丝核菌、镰刀菌、黑根霉、柱孢霉、核盘菌、齐整小核菌等病原菌引起的植物病害。其主要有效成分为哈茨木霉菌 T-22 株系。木霉菌是广泛存在于自然界中的一种微生物，哈茨木霉菌是木霉菌中的一个菌种，哈茨木霉菌 T-22 株系是人工修饰的株系，是以 T95 株系和 T12 株系通过细胞融合技术获得的人工杂交株系。T95 株系对植物根系的缠绕能力和定植能力强，T12 株系对病害的防治能力强，通过细胞融合技术将两者的优点结合到一起，从而获得了根系缠绕、定植、病害防控能力皆优的 T-22 株系，同时获得了其父本对不同土壤类型的适应能力，可以在沙壤土和黏性土壤中良好地定植繁殖，使 T-22 的应用适应性更广。

第二节　常用农药及配制

一、农药的分类

农药的分类多种多样，依据不同，划分的类型也各不

相同。

根据防治对象，农药可分为杀虫剂、杀菌剂、杀螨剂、杀线虫剂、杀鼠剂、除草剂、脱叶剂、植物生长调节剂等。

根据原料来源，农药可分为有机农药、无机农药、植物性农药、微生物农药。此外，还有昆虫激素。

根据加工剂型，农药可分为粉剂、可湿性粉剂、可溶性粉剂、乳剂、乳油、浓乳剂、乳膏、糊剂、胶体剂、熏烟剂、熏蒸剂、烟雾剂、油剂、颗粒剂、微粒剂等。

为了便于认识、研究和使用农药，可根据农药的用途进行分类，常用的有以下几类。

（一）杀虫剂

杀虫剂是对昆虫机体有直接毒杀作用，以及通过其他途径可控制其种群形成或可减轻、消除害虫为害程度的药剂。可用来防治农、林、牧业、卫生及仓储等害虫或有害节肢动物，是当前我国农药中使用品种和数量最多的一类。按其成分又可将杀虫剂分为以下 3 类。

1. 无机杀虫剂

无机杀虫剂，即有效成分为无机化合物的杀虫剂。常见的无机杀虫剂有无机氟杀虫剂和无机砷杀虫剂。因为无机杀虫剂的杀虫效果和对人、畜及作物的安全性不如有机合成的杀虫剂，所以用量日趋减少，并逐步被其他药物所取代。

2. 有机杀虫剂

有机杀虫剂，即有效成分为有机化合物的杀虫剂。按其来源又可分为天然的有机杀虫剂和人工合成的有机杀虫剂。天然的有机杀虫剂是指利用植物或矿物原料经过物理机械加工而制成的药剂。常见植物性的有机杀虫剂有除虫菊、鱼藤、巴豆等，常见矿物性的有机杀虫剂有石油乳剂等。人工合成的有机杀虫剂是指利用各种原料进行人工合成，而且其有效成分为有机化合物的药剂，这类药剂数量大、品种多、发展快，约占杀虫剂的90%。根据其化学成分可分为以下几类。

（1）有机磷杀虫剂。有机磷杀虫剂又叫磷酸酯类杀虫剂，其有效成分的分子结构中均含有磷元素。如敌百虫、敌敌畏、乐果、氧化乐果、马拉硫磷、甲基对硫磷、辛硫磷、甲拌磷、灭蚜松等。

（2）有机氯杀虫剂。有机氯杀虫剂是指具有杀虫作用的含有氯元素的有机化合物。如毒杀芬、氯丹、林丹等。这类药剂大多数性质稳定，施用后不易被分解，能够通过环境与食品的残留而进入畜体内，有碍健康，因而将逐步被限制并禁止使用。

（3）除虫菊酯类杀虫剂。除虫菊酯类杀虫剂属于仿生制剂，即仿照除虫菊所含的杀虫有效成分——除虫菊素而人工合成的一类杀虫剂。由于该类药剂具有效果好、无残毒、用量少、作用迅速等特点，自问世以来，发展很快。但大多数品种，我国目前仍不能工业化生产，主要依靠进口。如来福灵、速灭杀丁、灭扫利、功夫、敌杀死等。

（4）复配剂。复配剂是指由两种或两种以上的有机杀虫剂经科学混配而成的一类杀虫剂，这是近几年新发展起来的一类药剂。科学研究证明，有些药剂两两混合之后，不仅能提高效果、扩大杀虫范围，而且还能延缓害虫抗性产生、降低使用成本等。如灭杀毙就是典型的一种，它是由马拉硫磷和氰戊菊酯的混合物组成，既具有菊酸类农药用量少、效果好的优点，同时也克服了菊酯类农药对红蜘蛛、蚜虫等效果较差和易产生抗性的缺点，深受群众欢迎。随着时间的推移和农药科学的发展，这类药剂将会得到更广泛的应用。

（5）其他杀虫剂。如杀虫脒、氟乙酰胺、巴丹等。

3. 微生物杀虫剂

微生物杀虫剂是利用微生物或其代谢物来防治害虫的药

剂。按照微生物的类别，可分为以下几类。

（1）细菌性杀虫剂。如苏云金杆菌、青虫菌、杀螟杆菌等。

（2）真菌杀虫剂。如白僵菌、绿僵菌、虫生藻菌等。

（3）病毒杀虫剂。如核型多角体病毒、质型多角体病毒等。

（4）线虫杀虫剂。如六索线虫等。

（二）杀螨剂

杀螨剂是用来防治为害植物或居室中的蜱螨类的农药，防治对象包括叶螨类、壁虱类等。

这类药剂按其作用范围可分为两类：一类是没有杀虫作用，专门用于防治害螨的药剂，如螨卵酯、三氯杀螨醇、克螨特等；另一类是既有防治作用又有杀虫作用的药剂，如杀虫脒、1605、呋喃丹、乐果、氧化乐果等。

（三）杀菌剂

杀菌剂对病原微生物能起到杀死、抑制或中和其有毒代谢物的作用，因而可使植物及其产品免受病菌为害或可消除病症、病状。有些杀菌剂虽然没有直接杀菌或抑菌作用，但是能诱导植物产生抗病性，从而有助于抑制病害的发展与为害。

杀菌剂按其成分可分为以下几类。

1. 无机杀菌剂

无机杀菌剂是具有杀菌作用的一类无机物质。如硫酸铜、硫黄粉、氟硅酸钠等。

2. 有机杀菌剂

有机杀菌剂是具有杀菌作用的一类有机化合物。按其化学成分可分为有机硫杀菌剂、有机砷杀菌剂、有机磷杀菌剂、有机氯杀菌剂、有机汞杀菌剂、酚类杀菌剂、醛类杀菌剂等。

3. 抗菌素

抗菌素指一类由微生物代谢所产生的杀菌物质。重要的品种有放线酮、春雷霉素、灭瘟素、井冈霉素等。

4. 植物杀菌素

植物杀菌素是指存在于植物体内的具有杀菌作用的一类化学物质。如大蒜中存在的植物杀菌素——大蒜素，对多种病原菌都有较强的抑制作用。大蒜素的类似化合物——乙蒜素对甘薯黑斑病等多种病害都有良好的防治效果，其加工品抗菌剂401、402已广泛应用于生产。

(四) 杀线虫剂

杀线虫剂是用于防治植物寄生性线虫的化学药剂。根据药剂的选择性与使用方法，可分为3种类型。

1. 土壤处理剂

土壤处理剂包括具有土壤熏蒸消毒作用的（如氯化苦、二溴氯丙烷等）和不具熏蒸作用以触杀作用为主的（涕灭威、呋喃丹等）。这类杀线虫剂还兼有杀灭土壤中病菌、土栖昆虫或杂草的作用。

2. 滴灌处理剂（克线磷）

可通过叶面内吸输导杀灭根部和叶面线虫，这类药剂具有选择性，对植物较安全。

3. 种子处理剂（杀螟丹、浸种灵）

可用于种子处理。

(五) 除草剂

除草剂是用来杀灭草坪或人工环境中非目标植物的一类农药。根据对植物作用的性质，分为灭生性除草剂和选择性除草剂。前者使用后可杀死大多数植物，可用于森林防火带杀死树木以及场地、道路、建筑物处灭杀杂草或灌木等，也可用于农

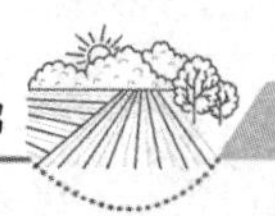

田播种前除草。后者使用后能有选择地杀死某些种类的植物，而对另一些种类的植物无害，多用于农田除草。根据除草剂的作用方式可分为触杀型除草剂、内吸传导型除草剂、激素型除草剂。

（六）杀鼠剂

杀鼠剂是专门用来防除农田、牧场、粮仓、厂房、草坪和室内鼠类等啮齿类动物的农药。杀鼠剂大都是胃毒剂，用以配制毒饵诱杀。常用杀鼠剂对人和家畜有剧毒。通常可分为无机类（如磷化锌）、抗凝血素类（如敌鼠钠、敌鼠酮、溴敌隆和大隆等）、植物类（如红海葱）和其他类（如毒鼠磷、甘氟、灭鼠优等）。

（七）植物生长调节剂

植物生长调节剂是一类专门用于调节和控制植物生长发育的农药。这类农药使用量很低，处理植物后可达到促进或抑制发芽，促进生根和枝叶生长，促进开花结果，提早成熟，形成无籽果实，防止徒长，调控株型，疏花疏果或防止落花、落果，增强抗旱、抗寒、抗早衰和抗倒伏能力等多种生理作用。如控制植物生长的矮壮素、促进草坪生长的草坪促茂剂、改造观赏植物株型的助壮素等。生长调节剂按其作用特点，又可分为生长素类、赤霉素类、细胞分裂素类、成熟素（乙烯）类和脱落酸类等。

（八）杀软体动物剂

杀软体动物剂是指能用于防治蜗牛、钉螺等软体动物的药剂，如蜗牛敌、贝螺杀、蜗螺净等。

二、农药的配制

除了少数可以直接使用的农药制剂以外，一般农药在使用前都要经过配制，才能进行滴灌。

农药的配制，就是把商品农药制剂配制成为可以在田间滴灌的液剂。例如，可湿性粉剂、浓悬浮剂和乳油制剂，本身不能直接滴灌，必须加水稀释。加水配制药液，一方面是要调节药水的浓度，另一方面是要使药水便于滴灌。

(一) 农药配制时的计量方法

1. 固体制剂的计量

固体制剂虽然可采取小包装的办法，但由于一家一户的农田面积变化很大，往往小包装也不能恰好符合实际农田的需要，直接用秤称量最好。

2. 液体制剂的计量

液体制剂的量取，最方便的是采用容量器，主要有量筒、量杯、吸液管等。塑料的容量器具较安全方便，不易破损。

在量取用药量很少的有机磷和菊酯类农药时较方便，但此种量器在使用中往往很容易发生污染而较难清洗。吸取农药后，吸液管外面已沾有很多药液，如不注意就会污染到人体或其他工具上。吸取药液后如果把吸液管平放，则药液会倒流入吸球内。因此，使用时很不方便。应该配备 1 支塑料粗管，有底，且长短与吸液管相似。吸移药液后即把吸液管插入塑料管中，避免污染。

量筒、量杯比较好用，但也应避免使药液流到筒或杯的外侧。量杯比量筒更好用，因为其上口很大，药液不易倒在外面。用量筒或量杯量取药液，注意筒或杯要处于垂直状态。因为倾斜时从刻度上看到的药液体积会发生偏差。

我国生产的一种新型手动吹雾器中的药水盖内侧上带有一只预制的量杯（把药水盖倒过来就是一只量杯），药液倒入药水桶中，随即旋上盖子，药液就不至于洒到外面，很适用也很安全。

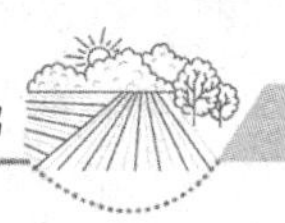

3. 水的量取

配制乳剂或水悬液的两步配制法效果较好。采取此法的计量程序要注意，两步配制时所用的水量应等于所需用水的总水量。不可先把总需水量取好以后，另外再取水配制母液。例如，配制50%多菌灵可湿性粉剂的悬浮液，要求配成0.5%浓度的液体，则稀释倍数应为：50/0.5=100倍，即1 kg多菌灵可湿性粉剂需加水100 L。如果分两步配制时，额外取5 L水配制母液后再加入100 L水中，则最后药液浓度为：1 000g×50%/（100 L+5 L）=0.476%。此浓度就偏低，起不到应有的作用。

当然，这种浓度的差异在防治效果上会造成多大的影响，在各种病虫杂草上表现是不一样的。但无论如何，在农药的配制过程中，首先必须严格要求计算准确，决不可认为问题不大而掉以轻心。

4. 农药混合使用时的用药量计算

为了同时防治几种病虫，往往需要把几种农药混合使用。混合使用时，各组农药的取用量须分别计算，而水的用量则合在一起计算。

（二）农药混合调制方法

1. 液态制剂的混合调制方法

一般来说，只要掌握好药剂的性质，参照有关资料即可进行混合配制。但是，由于我国还有不少农药的剂型尚未标准化或产品质量不合格，在实际进行混配之前仍应仔细了解药剂的性质，甚至还须进行必要的试验。例如，我国生产的一种菊马合剂乳油不能与百菌清可湿性粉剂混配，否则就会出现絮结现象。这是两种剂型之间的变化，而两种有效成分并没有发生什么变化，但制剂絮结后会影响滴灌和防治效果。

另外，有一些比较特殊的情况，在混合调制时应注意操作程序。

（1）碱性药物与易在碱性条件下分解的药剂的混合。有一些是允许临时混合、随配随用的。例如，石硫合剂是最常用的一种碱性药剂，它与敌百虫可以随配随用。但在调制时要注意以下几点。

①两种农药必须分别先配制等量药液，这时应把浓度各提高1倍，这样当两液相混时，在混合液中的浓度刚好达到最初的要求。

②混合时应把碱性药液（石硫合剂）向敌百虫水溶液中倒，同时进行迅速搅拌。这样，混合液的氢离子浓度降低（即pH值增加）比较缓慢。

③敌百虫的结晶容易结块，比较难溶，往往需要用热水或加温来促使其溶解。这样得到的溶液是热溶液，必须使它充分冷却之后再与石硫合剂溶液混合，因为敌百虫的碱性分解在受热的情况下速度显著加快。碱性药剂较常用的还有波尔多液以及松脂合剂等。松脂合剂的碱性更强。

（2）浓悬浮剂的使用。几乎没有一种浓悬浮剂不存在沉淀现象，即在存放过程中上层逐渐变稀而下层变浓稠。国产的一些浓悬浮剂有些还发生下层结块的现象，一般的振摇或用玻璃棒搅拌都很难使之散开。因此，使用此种制剂配制药液时，必须采取两步配制法。

首先必须保证浓悬浮剂形成均匀扩散液。在搅散浓悬浮剂沉淀物时，如果整瓶药要一次用完，可以用水帮助冲洗。但如一次用不完整瓶药，则必须用玻璃棒或其他机械办法把沉淀物彻底搅开，并彻底搅匀后再取用。否则，先取出的药含量低而剩余的药含量增高，使用时就会发生差错。这一点在使用浓悬浮剂时必须十分注意。用水冲洗浓悬浮剂沉淀物时，必须把冲洗用水计算在总用水量中。

（3）可溶性粉剂的使用。可溶性粉剂都能溶于水，但是

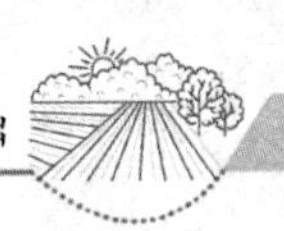

溶解的速度有快有慢。所以不能把可溶性粉剂一次投入大量水中，也不能直接投入已配制好的另一种农药的药液中，必须采取两步配制法。即先配制小水量的可溶性粉溶液，再稀释到所需浓度；或先配成可溶性粉剂的溶液，再与另一种农药的滴灌液相混合。在配制过程中也必须注意记录水的取用量。

前面已多次提到两步配制法。这种配制方法不仅对于一些特别的剂型比较有利，在田间喷药作业量大、需要反复多次配药时，此法还有利于准确取药和减少接触原药面发生中毒的危险。

2. 粉剂的混合调制方法

粉剂的混合，如果没有专门的器具，比液态制剂更难于混合均匀。如需进行较大量的粉剂混合，最好利用专用的混合机械，这种器械必须能加以密闭，使粉尘不易飞扬，比较安全，混合的效果也好。在露地上用锨拌和，很难做到混合均匀，而且粉尘飞扬，危险性很大。

进行小量粉剂的混合时，可以采取下述方法。

(1) 塑料袋内混合。先用密封性能良好的比较厚实的塑料袋，把所需混合的粉剂分别称量好以后放到塑料袋内，把袋口扎紧封死。注意一定要在袋内留出约 1/3 的空间。把塑料袋放在平整的地面或桌面上，从不同方向加以揉动，使袋内粉体反复流动，最后把塑料袋捧在手中上下、左右抖动，使粉尘在袋内翻腾起来。如此处理，可以使粉剂得到充分混合。

(2) 分层交叉混合。对于体积较大、不便在塑料袋内一次混合的粉剂，可采取本法。选择平整的地面，铺上足够大的塑料布（须在避风处进行操作）。把准备混合的两种粉剂称量好。用木锨或边缘钝滑的金属锨或塑料锨把粉剂铺到塑料布上，按如下步骤操作。

①两种粉剂分层铺到塑料布上。一层甲种粉剂，一层乙种粉剂，层次越薄越好。

②用锨把药粉翻拌均匀，然后把粉堆划分为 4 块。

③把对角交叉的两块粉堆分别互相混合，混成一体后，再分为交叉的 4 块，如上法重复处理一遍。如此处理，次数越多则混合越均匀。

④最后形成的混合粉体，可分成若干份用塑料袋混合法加以振动混合，则可使粉粒充分分散、混合均匀。

采用分层交叉混合方法时，因为粉体是暴露在空气中的，不可能没有粉尘飞扬，所以必须佩戴风镜、口罩等防护用品。

第三章　水肥药一体化技术的主要设备

第一节　喷灌、滴灌系统设备

一、喷灌系统

（一）节水灌溉系统简介

灌溉，是通过人为手段调节土壤的含水量，保证满足种植作物正常生长发育所需的水分。从字面上的意思看，“灌”是浇注的意思，“溉”是使水扩散开。

水肥药一体化技术采用的灌溉系统大体可分为两类：一类是喷灌，另一类是微灌。微灌是一种更加先进和精确的灌溉系统，是根据作物的需水要求，通过低压管道系统和安装在末端管道上的特制灌水器，将水和作物生长需要的养分以较低的流量，均匀准确地直接输送到作物根部附近的土壤表面或土层中。微灌按照所用的设备（主要是灌水器）及流出形式不同，分为滴灌、地下滴灌、微喷灌和涌泉灌。渗灌、微喷灌和涌泉灌技术介绍如下。

1. 渗灌

渗灌指在低压条件下，水通过埋设在作物根系范围内毛管上的灌水器缓慢流出，渗入附近土壤，再借助毛细管作用或重力作用将水分扩散到整个根层供作物吸收利用的技术。渗灌是继喷灌、滴灌后的又一新型灌溉技术，属于地下微灌形式，包括暗管上渗灌、毛管上渗灌、侧渗灌。目前工程上的做法是将灌溉水通过低压渗灌管管壁上的微孔由内向外呈发汗状渗出，随即通过管壁周围土壤颗粒、颗粒间孔隙的吸水作用向土体扩散，给作物根系供水，实现对作物一次性持续灌溉的全过程。

这种灌水形式能克服地面毛管易于老化的缺陷，防止毛管损坏或丢失，同时方便田间作业。渗灌除了具有节水、节能、省工的优点外，由于渗出管渗出水流速度非常缓慢，多为层流，管内水流压力低，灌溉水通过管壁周围土壤颗粒的吸水作用向土壤扩散，不会破坏田间土壤结构，可防止土壤板结、干裂。但是由于渗水管埋设于作物根系层，出水口小且不均匀，作物根系又有趋水性，容易产生堵塞，清理起来也很困难，而且埋设地面以下的管道属于隐蔽工程，不同位置的出水量、深层渗漏、堵塞情况不易被发现，检查清理渗灌管的工作难度系数大且比较繁重。在地下渗灌系统设计、安装和运行管理中，应对该项技术的特殊性给予足够重视。其中毛管的埋设深度与间距要根据当地土壤条件、作物种类、耕作措施等因素确定。

2. 微喷灌

微喷灌是利用折射式、辐射式或旋转式微型喷头将水滴喷在枝叶上或树冠下、地面上的一种灌水形式，简称微喷。它是在滴灌和喷灌的基础上逐渐形成的。微喷灌时，水流以较高的速度由微喷头喷出，在空气的作用下破裂成细小的水滴落在地面上。微喷灌既可以增加土壤水分，又可提高空气湿度，起到调节田间小气候的作用。微喷头出流口的直径和出流速度都比滴灌滴头大，从而大大减少了堵塞。由于微喷灌的工作压力低、流量小，在果园灌溉中仅湿润部分土壤，因而习惯上将这种微喷灌划在微灌范围内，但是严格来讲，它不完全属于局部灌溉的范畴。我国应用微喷灌的灌溉对象是蔬菜、果树、花卉和草坪，也适宜用在温室育苗及木耳、蘑菇等菌类种植上。

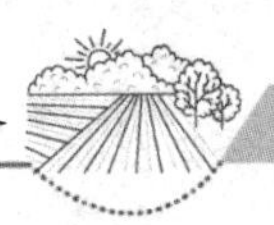

3. 涌泉灌

涌泉灌是通过安装在毛管上的涌水器（稳流器）形成的小股水流，以涌泉方式使水流入土壤的一种先进的节水灌溉技术，是在滴灌的基础上发展起来的，也称小管出流灌。由于滴灌对水质的要求较高，滴头孔眼小，易堵塞。因此，用大孔径的涌水器来代替小孔径的滴头，灌水形状似水柱向外涌，形成了涌泉灌。涌泉灌具有出水流道大、抗堵塞能力强、投资小、管理方便、使用寿命长等特点，且是一种典型的穴灌方式，所以非常适合于果园和植树造林。

涌泉灌系统由干管、支管、毛管、微管灌水器（或稳流器）及渗水沟组成。涌泉灌实际上是一种长流道的滴头。水在管内流动时消能，并以细流的方式出流，可以靠管径和管长的组合确定流量。涌泉灌的流量比滴灌和微喷大（但一般也不会大于 220 L/h），超过了土壤的渗吸速度，为了防止产生地面径流，需要在涌水器附近挖一小灌水坑暂时储水。

（二）喷灌系统的组成

喷灌系统是把水源、喷灌设备和田间工程有机地结合起来，使它成为一个相对独立的整体，将灌溉用水均匀地喷灌到农田，满足农作物生长对水分的要求。喷灌系统通常包括水源（包括水泵与动力）、输水系统（管道渠系和田间工程）、喷灌装置（喷头）三大部分。

（1）水源。喷灌系统与地面灌溉系统一样，首先要解决水源问题。常见水源有河流、渠道、水库、塘坝、湖泊、机井、山泉。在整个生长季节，水源应有可靠的供水保证。喷灌对水源的要求是：水量满足要求，水质符合灌溉用水标准。另外，在规划设计中，特别是山区或地形有较大变化时，应尽量利用水源的自然水头，进行自压喷灌，选取合适的地形和制高点修建水池，以控制较大的灌溉面积。在水量不够大、水质不符合条件的地区需要建设水源工程。水源工程的作用是通过它实现对水源的蓄积、沉淀和过滤作用。

（2）水泵。喷灌需要使用有压力的水才能进行滴灌。通常利用水泵将水提吸、增压、输送到各级管道及各个喷头中，并通过喷头滴灌出来。水泵要能满足喷灌所需的压力和流量要求。常用的卧式单级离心泵，扬程一般为30~90 m。深井水源采用潜水电泵或射流式深井泵。如要求流量大而压力低，可采用效率高而扬程变化小的混流泵。移动式喷灌系统多采用自吸离心泵或设有自吸或充水装置的离心泵，有时也使用结构简单、体积小、自吸性能好的单螺杆泵。

（3）动力。常用的动力设备有电动机、柴油机、小型拖拉机、汽油机。在有电的地区应尽量使用电动机，不方便供电的情况下只能采用柴油机、汽油机或拖拉机。对于轻小型喷灌机组，为了移动方便，通常采用喷灌专业自吸泵，而对于大型喷灌工程，通常采用分级加压的方式来降低系统的工作压力。

（4）田间工程。包括田间沟渠及建筑物与机组行走的道路。

（5）管道系统。一般分干、支两级，还可以分为干、支、分支三级，管道上还需配备一定数量的管件和竖管。管道的作用是把经过水泵加压的或自压的灌溉水输送到田间，因此，管道系统要求能承受一定的压力和通过一定的流量。为了保证喷灌系统的安全运行，可根据需要在管网中安装必要的安全装置，如进排气阀、限压阀、泄水阀等。管网系统需要安装各种连接和控制的附属配件，包括闸阀、三通、弯头和其他接头等。

（6）喷灌机。喷灌机是自成体系，能独立在田间移动喷灌的机械。一般由动力机、水泵、管道系统、行走系统和喷头等组成。为了进行大面积喷灌，应当在田间布置供水系统给喷灌机供水，供水系统可以是明渠，也可以是无压管道或有压管

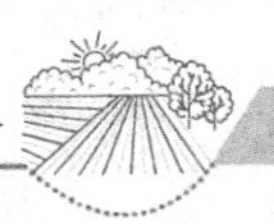

道。根据移动方式不同，灌溉机可分为人工移动式、机械移动式和自动行走式。根据动力大小分为：轻型机组（2~4.5 kW）、小型（7.5~9 kW）、中型（20~30 kW）和大型（40 kW以上）。喷头是喷灌机与喷灌系统的主要组成部分。它的作用是将有压的集中水流喷射到空中，散成细小的水滴并均匀地分布在它所控制的灌溉面积上。

（7）附属工程、附属设备。喷灌工程中还用到一些附属工程和附属设备，如从河流、湖泊、渠道取水，则应设拦污设施；在灌溉季节结束后应排空管道中的水，需设泄水阀，以保证喷灌系统安全越冬；为观察喷灌系统的运行状况，在水泵进出水管路上应设置真空表、压力表和水表，在管道上还要设置必要的闸阀，以便配水和检修；考虑综合利用时，如滴灌农药和肥料，应在干管或支管上端设置调配和注入设备。

（三）喷灌系统设备分类与选型

1. 喷头

（1）喷头的种类。喷头是将有压水喷射到空中的部件。喷头的种类很多，通常按喷头工作压力或结构形式进行分类。

喷头按结构形式分类主要有固定式、孔管式、旋转式 3 类。孔管式又分为单（双）孔口、单列孔、多列孔 3 种形式；固定式又分为折射式、缝隙式、离心式 3 种形式；旋转式又分为摇臂式、叶轮式、反作用式 3 种形式。

（2）固定式喷头。喷灌过程中，所有部件固定不动，水流以全圆或扇形同时向四周散开，水流分散，射程小（5~10 m）、喷灌强度大（15~20 mm/h）、水滴细小，工作压力低。主要有折射式喷头、缝隙式喷头和离心式喷头 3 种。

①折射式喷头。折射式喷头使喷嘴射出的水流，射到散水锥上被击散成薄水层向四周折射，是一种结构简单、没有运动部件的固定式喷头。一般由喷嘴、折射锥和支架组成。水流由

喷嘴垂直向上喷出，遇到折射锥即被击散成薄水层沿四周射出，在空气阻力作用下即可形成细小水滴散落在四周地面上。其压力较低，广泛用于苗圃、花园的固定式灌溉系统和半固定式喷灌系统的自走式喷灌机上。

②缝隙式喷头。缝隙式喷头是在管端开出一定形状的缝隙，使水流均匀地散成细小的水滴，缝隙与水平面成30°角，使水舌喷得较远。其工作可靠性比折射式要差，因为缝隙容易被污物堵塞，所以对水质要求较高，水在进入喷头前要经过过滤。但是这种喷头结构简单，制作方便，一般用于扇形喷灌。

③离心式喷头。离心式喷头由喷管和喷嘴的蜗形外壳构成。工作时水流沿切线方向进入蜗壳，使水流绕垂直轴旋转或沿螺旋孔道进入喷体，使水流绕垂直的锥形轴或壁面产生涡流运动，这样水从喷孔中呈中空的环状锥形薄水层，并同时具有沿径向向外的离心速度和沿切向旋转的圆周速度向外喷出，甩出的薄水层水流在空气阻力作用下，裂散成细小的水滴而降落在喷头四周的地面上。

（3）旋转式喷头。旋转式喷头又称为射流式喷头，是目前使用得最普遍的一种喷头形式。一般由喷嘴、喷管、粉碎机构、扇形机构、弯头、空心轴和轴套等组成。其中，扇形机构和转动机构是旋转式喷头最重要的组成部分。因此，常根据转动机构的特点对旋转式喷头分类，常用的形式有摇臂式、叶轮式、齿轮式和反作用式等。由于水流集中，所以射程远（可达80 m以上），是中射程和远射程喷头的基本形式。又根据是否装有扇形喷洒控制机构而分成全圆转动的喷头和可以进行扇形喷洒的喷头，但大多数有扇形喷洒控制机构的喷头同样可进行全圆喷洒。目前我国在农业上应用的喷头基本上都是这种形式。

2. 喷灌管道、管件及附属设备

管道是喷灌工程的重要组成部分，其作用是向喷头输送具

有一定压力的水流，所以喷灌用管道必须能承受一定的压力，必须保证在规定的工作压力下不发生开裂、爆管现象，工作安全可靠。管材在喷灌系统中需用数量多，所占投资比重较大，需要在设计中按照因地制宜、经济合理的原则加以选择，要求管道质优价廉，使用寿命长，内壁光滑。此外，管道附件也是管道系统中不可缺少的配件，在选择的时候也要慎重。

二、滴灌系统与设备

滴灌是指按照作物需水要求，将具有一定压力的水，过滤后经管网和出水管道（滴灌带）或滴头以水滴的形式缓慢而均匀地滴入植物根部附近土壤的一种灌水方法。滴灌不破坏土壤结构，土壤内部水、肥、气、热保持适宜作物生长的良好状况，蒸发损失小，不产生地面径流，几乎没有深层渗漏，是一种省水的灌水方式。滴灌适用于黏土、沙壤土、轻壤土等，滴灌的地面输水管采用结构简单，组装、拆卸较方便，因此，适应各种复杂的地形，工程建设也不需做大量的平地工作。

（一）滴灌系统的组成

滴灌系统由以下部分组成。

（1）动力及加压设备。包括水泵、电动机或柴油机及其他动力机械，除自压系统外，这些设备是滴灌系统的动力和流量源。

（2）水质净化设备或设施。有沉沙（淀）池、初级拦污栅、旋流分沙分流器、筛网过滤器和介质过滤器等。可根据水源水质条件，选用一种组合。

（3）化肥及农药注入装置和容器。用于将肥料、农药等直接注入压力管道系统中，包括压差式施肥器、文丘里注入器、隔膜式或活塞式注入泵、化肥或农药溶液储存罐等。它必须安装于过滤器前面，以防未溶解的化肥颗粒堵塞滴水器。

（4）控制、测量设备。包括水表和压力表，各种手动、机械操作或电动操作的闸阀，如水力自动控制阀、流量调节器等。

（5）输配水管网。输配水管网按照作物需水要求将首部枢纽处理过的水输配到每个灌水单元和滴水器。包括干管、支管、毛管三级管道。干管是输水系统，作用是将水从首部枢纽输送给连接在其上的支管，或直接将水输送给毛管。支管是配水系统，能调节水压，控制流量，将具有一定压力和流量的水输送给毛管。毛管是滴灌系统的最后一级，是直接向作物供水的管道，其上安装滴水器。

（6）滴水器。水由毛管流进滴水器，滴水器将灌溉水流在一定的工作压力下注入土壤。它是滴灌系统的核心，其作用是消减压力，水通过滴水器，以一个恒定的低流量滴出或渗出后，在土壤中以非饱和流的形式在滴头下向四周扩散。滴水器种类繁多，各有特点，适应不同使用条件，主要有滴头、滴灌带、渗灌滴头、渗灌管等。

（7）安全保护设备。如减压阀、进排气阀、逆止阀、泄排水阀等。

（二）滴灌设备

一个完整的滴灌工程，一般包括以下部分。

1. 灌水器

滴水器是滴灌系统中最核心的部件，它的作用是将末级管道中的压力水流均匀而稳定地灌到土壤中，以满足作物生长对水分的需求。不同的灌水器决定了不同的灌溉方式，根据不同的地形、地质和作物对水的要求可选择不同的灌水器。滴灌系统的灌水器一般包括滴头和滴灌带（管）。

2. 过滤器及过滤设施

任何水源中都含有不同程度的各种杂质，而滴灌系统中滴水器出口的孔径很小，滴头为 0.5～1.2 mm，滴灌带（管）为 0.5～0.9 mm，滴水器很容易被水源中的杂质堵塞。滴灌系统

对灌溉水的水质以及利用该系统所施用的肥料的要求都很高。因此，对灌溉水源进行严格的过滤处理是滴灌中必不可少的首要步骤，是保障滴灌系统正常运行、延长滴水器使用寿命和保障灌溉质量的关键措施。所需净化装置的形式根据污染物而定，同时还要考虑系统选用的灌水器种类规格、抗堵塞性能等。

消除水中化学污染物的方法是调节灌溉水的 pH 值或注入化学试剂发生化学反应，将沉淀物溶解。加入消毒药品是除去菌类、藻类、微生物的主要方法。对水中的物理污染物及有机质的处理方法主要是拦截过滤，常见的是拦污栅、沉淀池和过滤器，污染物颗粒大小的允许限度，根据灌水器结构规格而定。

3. 管道与附件

输配水管道及连接件是滴灌系统的主要组成设备，在整个系统工程中用量最多，所占工程投资比例最大，型号规格也最多，因而输配水管道及连接件的优劣不仅影响着工程的造价，也直接关系着整个滴灌系统能否正常运行并发挥滴灌的效果。所以，在设计规划滴灌系统时，事先要充分了解各类滴灌管道的性能、型号规格，各个管道间的连接方法。

4. 控制、测量与保护装置

为了控制微灌系统或确保系统正常运行，系统中必须安装必要的控制、测量与保护装置，如阀门、流量和压力调节器、流量表或水表、压力表、安全阀、进排气阀等。

第二节　施肥系统和施药设备

一、施肥系统概述

（一）施肥系统特点

水肥药一体化施肥系统是指肥料随同灌溉水进入田间的过

程，是施肥与灌溉配套使用的一项新技术，是精确施肥与精确灌溉相结合的产物。主要是将灌溉用水从水源提取，经适当加压、净化、过滤等处理后，由输水管道送入田间灌溉设备，最后由田间灌溉设备中的灌水器对作物实施灌溉。

水肥药一体化施肥系统的特点如下：①可以根据作物养分需求规律，很方便地调节灌溉水中营养物质的数量和浓度，有效地控制施肥量、施肥时间以及灌溉水量，使其与植物的需要和气候条件相适应；②能明显提高灌溉水和肥料的利用率，提高养分的有效性；③促进植物根系对养分的吸收；④提高作物的产量、改善产品品质，还可以大幅度节省时间、运输、劳动力及燃料等费用，实施精确施肥；⑤减少养分向根系分布区以下土层的淋失，避免了化肥淋洗造成土壤和地下水的污染，以及过量施肥和灌溉带来的土壤板结等问题。

水肥药一体化施肥系统的原则是根据作物的吸收规律提供养分。

（二）施肥系统的组成及分类

一套完整的施肥系统通常包括水源工程、首部枢纽、田间灌溉系统和灌水器四部分，实际生产中由于供水条件和灌溉要求不同，施肥系统可能仅由部分设备组成。其首部枢纽包括水泵、过滤器、压力和流量监测设备、压力保护装置、施肥设备和自动化控制设备。田间灌溉系统包括主支管道、各种口径的管道控制阀门、排污设备、田间灌溉设备、毛管等。首部枢纽是施肥系统的重要组件。

水肥药一体化施肥系统原理由灌溉系统和肥料溶液混合系统两部分组成。灌溉系统主要由灌溉泵、稳压阀、控制器、过滤器、田间灌溉管网以及灌溉电磁阀构成。肥料溶液混合系统由控制器、混合罐、各个肥料罐、施肥器、电磁阀、传感器以及混合泵组成。

按照控制方式的不同，施肥系统可分为两大类：一类是按

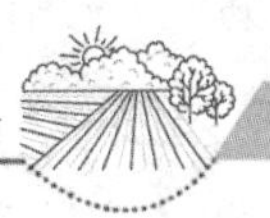

比例供肥，其特点是以恒定的养分比例向灌溉水中供肥，供肥速率与滴灌速率成比例，施肥量一般用灌溉水的养分浓度表示。另一类是定量供肥，又称为总量控制，其特点是整个施肥过程中养分浓度是变化的，如带旁通的贮肥罐法。按比例供肥系统虽然价格昂贵，但可以实现精确施肥。主要用于轻质和沙质等保肥能力差的土壤。定量供肥系统投入较小，操作简单，但不能实现精确施肥，适用于保肥能力较强的土壤。

二、施肥设备及选型

在水肥药一体化技术中常用到的施肥设备主要包括旁通施肥罐、文丘里施肥器、重力自压施肥法、泵吸肥法、泵注肥法、注射泵等。

（一）旁通施肥罐

1. 基本原理

旁通施肥罐也称为压差式施肥罐，其工作原理是：由两根细管与主管道相连接，在主管道上两条细管接点之间设置一个截止阀以产生一个较小的压力差（1~2 m 的水压），使一部分水流流入施肥罐，进水管直达罐底，水溶解罐中肥料后，肥料溶液由另一根细管进入主管道，将肥料带到作物根区。通俗理解为固体可溶肥料在肥料罐中逐渐溶解成液体肥料，液体肥料进入主管道则与水快速溶合，随灌溉进行，肥料不断被带走，养分浓度不断被稀释，最后固体肥料全部被溶解。

旁通施肥罐应由抗腐蚀的陶瓷衬底或镀锌铸铁、不锈钢或纤维玻璃制成，确保经得起系统的工作压力和肥料腐蚀（对于低于 10 m 水压的低压滴灌系统，也可以采用塑料罐）。该施肥设备系统简单、便宜，不需要外部动力就可以达到较高的稀释倍数。同样，该系统也存在无法精确控制灌溉水中的肥料流速和养分浓度、每次灌溉前都需要重新将肥料装入施肥罐内以及无法进行自动化操作等缺陷。

2. 优缺点及适用范围

（1）旁通施肥罐的优缺点。

旁通施肥罐的优点：设备成本低、操作简单、维护方便、效率高；适合施用液体肥料和水溶性固体肥料，施肥时无须外加动力，设备占地面积小。

旁通施肥罐的缺点：该施肥方式为定量施肥方式，施肥过程中无法控制肥料流速和养分浓度的一致性，容易受水压变化影响。设备移动性较差，不适用于自动化作业。施肥罐易受到肥料腐蚀，耐用性降低，从而增加成本。由于施肥罐容积有限，在大面积作业时需要多次倒入肥料，从而降低施肥效率。

（2）旁通施肥罐的适用范围。旁通施肥罐适用范围较宽，包括温室大棚、大田露地等多种形式的水肥药一体化灌溉施肥系统。应根据适用区域压力范围选用不同材质的施肥罐，从而最大化增加施肥罐的耐压耐腐蚀能力，降低成本。

3. 安装及运行

（1）旁通施肥罐的安装。作为水肥药一体化灌溉施肥系统的一种重要施肥形式，旁通施肥罐一般安装在灌溉系统的首部、过滤器和水泵之间。安装时遵循：沿主管流水方向，连接两个异径三通，并在三通的小口径端安装球阀，将上水端与旁通施肥罐的一条细管相连（该管需延长至施肥罐底部，便于将肥料溶解和稀释），主管下水口端与旁通施肥罐的另一细管相连。

（2）旁通施肥罐的运行。在生产中旁通施肥罐的操作非常简单，可以在半小时内熟练掌握。一般的操作运行顺序如下。

①根据各轮灌区具体面积或作物株数计算好当次施肥的数量，称好或量好每个轮灌区的肥料。

②用两根各配一个阀门的管子将旁通管与主管接通，为便于移动，每根管子上可配用快速接头。

③将液体肥直接倒入施肥罐，若用固体肥料，则应先将肥料溶解并通过滤网注入施肥罐。在使用容积较小的罐时，可以将固体肥直接投入施肥罐，使肥料在灌溉过程中溶解，但需要5倍以上的水量以确保所有肥料被彻底溶解。

④注完肥料溶液后，扣紧罐盖。

⑤检查旁通管的进出口阀均关闭而截止阀打开，然后打开主管道截止阀。

⑥打开旁通管进出口阀，然后慢慢地关闭截止阀，同时注意观察压力表到所需的压差（1~3 m 水压）。

⑦对于有条件的用户，可以用电导率仪测定施肥所需时间。否则用阿莫斯·特奇（Amos Teitch）的经验公式估计施肥时间。施肥完后关闭施肥罐的进出口阀门。

⑧再施下一罐肥时，事先必须排掉罐内的积水。在施肥罐进水口处应安装一个真空排除阀或球阀。打开罐底的排水开关前，应先打开真空排除阀或球阀，否则水排不出去。

4. 旁通施肥罐使用注意事项

在使用旁通施肥罐进行水肥药一体化操作时，应当注意以下四点。

（1）当施肥罐体较小时，最好将固体肥料溶解后倒入肥料罐，否则可能会堵塞罐体，特别在压力较低时极有可能会出现。

（2）有些肥料可能含有杂质，倒入施肥罐前应先溶解过滤，滤网100~200目。如直接加入固体肥料，必须在肥料罐出口处安装一个筛网式过滤器，或者将肥料罐安装在主管道的过滤器之前。

（3）每次施完肥后，应对管道用灌溉水进行冲洗，将残留在管道中的肥液排出。一般滴灌系统冲洗20~30 min，微喷灌 10～15 min，对喷灌系统无要求。冲洗是个必需的过程。一般的情况是首部的灌溉面积越大，输水管道越长，冲洗的时间也越长。因为残留的肥液存留在管道和滴头处，极易滋生藻类、青苔等低等生物，堵塞滴头；在灌溉水硬度较大时，残存肥液在滴头处形成沉淀，造成堵塞，及时冲洗基本可以防止发生堵塞。

（4）肥料罐需要的压差由入水口和出水口间的节制阀获得。因灌溉时间通常多于施肥时间，不施肥时截止阀要全开。经常性地调节阀门可能会导致每次施肥的压力差不一致（特别当压力表量程太大时，判断不准），从而使施肥时间把握不准确。为了获得一个恒定的压力差，可以不用截止阀门，代之以流量表（水表）。水流流经水表时会造成一个微小压差，这个压差可供施肥罐用。当不施肥时，关闭施肥罐两端的细管，主管上的压差仍然存在。在这种情况下，不管施肥与否，主管上的压力都是均衡的。

（二）文丘里施肥器

文丘里施肥器主要由阀门、文丘里、三通、弯头等几个部分连接而成。其原理是利用水流运动时因流速不同而产生的压力差，将液体肥料压入输水管网中。水流通过一个由大渐小然后由小渐大的管道时（文丘里管喉部），水流经狭窄部分时流速加大，压力下降使前后形成压力差，管喉部有一个更小管径的入口时，形成负压，将肥料溶液从一敞口肥料罐通过小管径细管吸取上来。文丘里施肥器即根据这一原理制作而成。

文丘里施肥器应采用抗腐蚀材料制作，如铜、塑料和不锈钢，现绝大部分为塑料制造。文丘里施肥器的注入速度取决于产生负压的大小（即所损耗的压力）。损耗的压力受施肥器类型和操作条件的影响。由于制造工艺的差异，同样产品不同厂家的压力损耗值相差很大。由于文丘里施肥器会造成较大的压力损耗，通常安装时需加装一个小型增压泵。购买时厂家均会

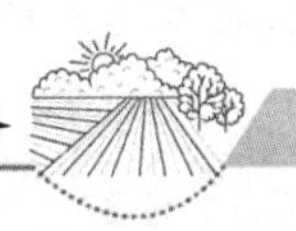

告知产品的压力损耗，设计时根据相关参数配置加压泵或不加泵。

文丘里施肥器的操作需要有过量的压力来保证必要的压力损耗，施肥器入口稳定的压力是养分浓度均匀的保证。吸肥量受入口压力、压力损耗和吸管直径影响，可通过控制阀和调节器来调整。文丘里施肥器可安装于主管路上或是作为管路的旁通件安装（即并联安装）。

（三）重力自压施肥法

重力自压施肥法多应用于重力滴灌或微喷灌的场合。在丘陵地带，通常引用高处的山泉水或将山脚水源泵至高处的蓄水池。通常在水池旁边高于水池液面处建立一个敞口式混肥池，池大小在 0.5~2.0 m^3，可以是方形或圆形，方便搅拌溶解肥料即可。池底安装肥液流出的管道，出口处安装 PVC 球阀，此管道与蓄水池出水管连接。池内用 20~30 cm 长大管径管（如 75 mm 或 90 mm PVC 管），管入口用 100~120 目尼龙网包扎。

（四）泵吸肥法

泵吸肥法主要用于有泵加压的灌溉系统。在统一管理的种植区，水泵一边吸水，同时一边吸肥。可以用潜水泵和离心泵两种，两者相比较，离心泵适用于大面积施肥，一次可施肥 3~20 亩（1 亩 ≈667 m^2）；潜水泵则适用于较小面积（3~5 亩）施肥。主要是利用离心泵吸水管内形成的负压将肥料溶液吸入管网系统，通过滴灌管输到作物根区。施肥时首先开机运行灌水，打开滴灌阀门，当运行正常时，再打开施肥管阀门，肥液在水泵负压状态下被吸进水泵进水管，和进水管中的水混合，通过出水口进入管网系统。通过调节肥液管上阀门，可以控制施肥速度，肥水在管网输送过程中自行均匀混合，不需人工配制浓度。

（五）泵注肥法

泵注肥法的原理是利用加压泵将肥料溶液注入有压力的管道，泵产生的压力必须大于输水管的水压，否则肥料无法注入。泵注肥法是大型灌区和一些温室大棚中常用的加肥方法。

泵注肥法的优点：施肥速度可控性强，施肥浓度均匀一致，操作方便，不消耗系统压力。

泵注肥法的缺点：泵注肥法需要单独配置施肥泵，成本较高。

泵注肥法适用范围宽广，各地农田、果林皆可采用。尤其是用深井泵或潜水泵抽水直接灌溉的地区，泵注肥法为最佳选择。

（六）注射泵

注射泵是一种精确施肥设备，可控制肥料用量或施肥时间，在集中施肥和运用复杂控制的同时还易于移动，无水头损失，运行费较低。但注射泵装置复杂，设备成本比较昂贵，须在肥料溶解后才能使用，需要外部动力。

三、施药设备

（一）滴灌式施药设备

滴灌式施药设备是目前应用较为广泛的一种水肥药一体化设备。

1. 组成部分

水源处理系统：包括过滤器、施肥器等，用于去除水中的杂质和添加肥料、农药。

管道系统：由主管、支管和毛管组成，将混合好的水肥药溶液输送到农作物根部。

滴头：安装在毛管上，控制水肥药的滴出速度和流量。

2. 工作原理

通过压力系统将水肥药混合后，以滴灌的方式缓慢地滴入土壤中，直接作用于农作物根部。

3. 优势

精准施肥施药：可以根据农作物的需求精确控制肥料和农药的用量，提高利用率。

节水节能：滴灌方式减少了水分的蒸发和流失，节约水资源，同时降低了能源消耗。

减少土壤板结：缓慢的滴灌不会破坏土壤结构，有利于保持土壤的透气性和肥力。

（二）喷灌式施药设备

喷灌式施药设备适用于大面积农田和果园等。

1. 组成部分

水泵：提供喷灌所需的压力。

管道系统：输送水肥药混合液。

喷头：将混合液雾化后喷洒到农作物上。

2. 工作原理

利用水泵将混合好的水肥药溶液加压，通过管道输送到喷头，喷头将溶液雾化后均匀地喷洒在农作物上。

3. 优势

覆盖范围广：可以对大面积的农田进行施药和施肥，提高工作效率。

调节性强：可以根据不同的农作物和地形调整喷头的高度、角度和喷洒范围。

促进叶面吸收：雾化后的溶液更容易被农作物的叶面吸收，提高肥料和农药的效果。

（三）微喷带式施药设备

微喷带式施药设备是一种较为轻便、灵活的设备。

1. 组成部分

微喷带：带有小孔的塑料带，用于喷洒水肥药混合液。

连接管件：将微喷带与水源和肥料、农药容器连接起来。

2. 工作原理

水肥药混合液通过微喷带上的小孔以微小的水滴形式喷出，均匀地洒在农作物上。

3. 优势

成本低：设备简单，成本相对较低，适合小规模农户使用。

安装方便：微喷带轻便柔软，易于安装和拆卸，可以根据需要随时调整布局。

适用性强：适用于各种地形和农作物，尤其是蔬菜、花卉等低矮作物。

第三节　输配水管网

水肥药一体化技术中输配水管网包括干管、支管和毛管，由各种管件、连接件和压力调节器等组成，其作用是向田间和作物输水肥和配水肥。

一、喷灌的管道与管件

喷灌管道是喷灌工程的主要组成部分，其作用是向喷头输送具有一定压力的水流，所以喷灌用管道必须能够承受一定的压力，保证在规定工作压力下不发生开裂及爆管现象，以免造成人身伤害和财产损失。要求管材及管件质优价廉，使用寿命长，内壁光滑，安装施工方便，同时也要考虑购买材料的方便

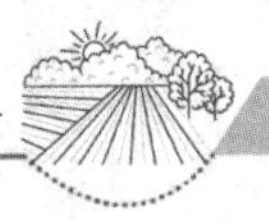

程度，以减少运输费用。

（一）固定管道及管件

主要有铸铁管、钢管、钢筋混凝土管、聚氯乙烯（PVC）管、聚乙烯管、聚丙烯（PE）管等。

1. 铸铁管

铸铁管承压能力大，一般可承压 1 MPa 压力，工作可靠，使用寿命长达 30~60 年，管件齐全，加工安装方便。缺点是管壁厚，重量大，搬运不方便，价格高；管子长度较短，安装时接头多，增加施工量；长期使用内壁会产生锈瘤，使管道内径缩小，阻力加大，导致输水能力大大降低，一般使用 30 年后需要进行更换。

2. 钢管

钢管一般用于裸露的管道或穿越公路的管道，能承受较高的工作压力（在 1 MPa 以上）；具有较强的韧性，不易断裂；管壁较薄，管段长而接头少，铺设安装简单方便。缺点是价格高；使用寿命较短，常年输水的钢管使用年限一般不超过 20 年。另外，钢管易腐蚀，埋设在地下时，须在其表面涂上防腐层。

3. 钢筋混凝土管

钢筋混凝土管有自应力钢筋混凝土管和预应力钢筋混凝土管两种，都是在混凝土烧制过程中使钢筋受到一定拉力，从而使其在工作压力范围内不会产生裂缝，可以承受 0.4~1.2 MPa 的压力。

优点是不易腐蚀，经久耐用，使用寿命比铸铁管长，一般可用 40~60 年；安装施工方便；内壁不结污垢，管道输水能力稳定；采用承插式柔性接头，密封性好，安全简便。

缺点是自重大，运输不便，且运输时需要包扎、垫地、轻装，免受损伤；质脆，耐撞击性差；价格较高等。

4. 聚氯乙烯（PVC）管

聚氯乙烯管是目前喷灌工程使用最多的管道，它是以聚氯乙烯树脂为主要原料，加入符合标准的、必要的添加剂，经挤压成型的管材。聚氯乙烯管的承压能力因管壁厚度和管径不同而异，喷灌系统常用的 PVC 管承压能力为 0.6 MPa、1.0 MPa、1.6 MPa。优点是耐腐蚀，使用寿命长，在地埋条件下，一般可用 20 年以上；重量小，搬运容易；内壁光滑、水力性能好，过水能力稳定；有一定的韧性，能适应较小的不均匀沉陷。缺点是材质受温度影响大，高温发生变形，低温变脆；易受光、热老化，工作压力不稳定；膨胀系数大等。

5. 聚乙烯（PE）管

聚乙烯管根据聚乙烯材料密度的不同，可分为高密度聚乙烯（HDPE 或 UPE）管和低密度聚乙烯（LDPE 或 SPE）管。前者为低硬度管，后者为高硬度管。喷灌中所用高密度聚乙烯管材的公称压力和规格尺寸是参照《给水用聚乙烯（PE）管道系统　第 2 部分：管材》（GB/T 13663.2—2018）标准来要求的。目前 HDPE 管材以外径为公称直径，常用的规格有 32 mm、40 mm、50 mm、63 mm、75 mm、90 mm、110 mm、125 mm、160 mm、200 mm、250 mm、315 mm 等，目前有些工程用管径达到 1 000 mm，管材公称压力有 0.4 MPa、0.6 MPa、0.8 MPa、1.0 MPa、1.25 MPa、1.6 MPa 6 个等级。低密度聚乙烯（LDPE、LLDPE）管材较柔软，抗冲击性强，适宜地形较复杂的地区。喷灌用低密度聚乙烯管材的规程及技术要求按《喷灌用低密度聚乙烯管材》（QB/T 3803—1999）标准控制。另外，聚乙烯管材在半固定式喷灌系统和微灌系统中应用较多，而在地埋式固定喷灌系统中则应用很少。

6. 聚丙烯管

喷灌用聚丙烯管是以聚丙烯树脂为主要原料，经挤压成型

而制成的性能良好的管材。由于聚乙烯管存在低温时性脆的缺点，故一般喷灌多使用改性聚丙烯管。聚丙烯管在常温条件下，使用压力分为Ⅰ型、Ⅱ型、Ⅲ型。Ⅰ型为0.4 MPa，Ⅱ型为0.6 MPa，Ⅲ型为0.8 MPa。

（二）移动管道及管件

移动式、半固定式喷灌系统管道的移动部分由于需要经常移动，因而它们除了要满足喷灌用的基本要求外，还必须具有重量轻、移动方便、连接管件易于拆装、耐磨耐撞击、抗老化性能好等特点。常见喷灌用的移动管材有薄壁铝管、薄壁镀锌钢管和涂塑软管。

二、微灌的管道与管件

微灌用管道系统分为输配干管、田间支管、连接支管和灌水器的毛管，对于固定式微灌系统的干管与支管以及半固定式系统的干管，由于管内流量较大，常年不动，一般埋于地下，因而其材料的选用与喷灌系统相同，只是因微灌系统工作压力较喷灌系统低，所用管材的压力等级稍低，常用的固定管道可参考喷灌系统确定，在我国生产实践中应用最多的是硬塑料（PVC）管。

（一）微灌用的管道

除了以上提到的地埋固定管道外，微灌系统的地面用管较多，由于地面管道系统暴露在阳光下容易老化，缩短使用寿命，因而微灌系统的地面各级管道常用抗老化性能较好、有一定柔韧性的高密度聚乙烯（HDPE）管，尤其是微灌用毛管，基本上都用聚乙烯管，其规格有12 mm、16 mm、20 mm、25 mm、32 mm、40 mm、50 mm、63 mm等，其中12 mm、16 mm主要作为滴灌管用。连接方式有内插式、螺纹连接式和螺纹锁紧式3种。内插式用于连接内径标准的管道，螺纹锁紧式用于连接外径标准的管道，螺纹连接式用于 PE 管道与其他材质管道的连接。

（二）微灌用的管件

微灌用的管件主要有直通、三通、旁通、管堵、胶垫。直通用于两条管的连接，有 12 mm、16 mm、20 mm、25 mm 等规格，按结构分类，分别有承插直通（用于壁厚的滴灌管）、拉扣直通和按扣直通（用于壁薄的滴灌管）、承插拉扣直通（一端是倒刺，另一端为拉扣，用于薄壁管与厚壁管的连接）。三通用于 3 条滴灌管的连接，规格和结构同直通。旁通是用于输水管（PE 或 PVC）与滴灌管的连接，有 12 mm、16 mm、20 mm 等规格，有承插和拉扣两种结构。管堵是封闭滴灌管尾端的配件，有“8”字形（用于厚壁管）和拉扣形（用于薄壁管）。胶垫通常与旁通一起使用，压入 PVC 管材的孔内，然后安装旁通，这样可以防止接口漏水。

第四章　水肥药一体化技术的设备安装与调试

水肥药一体化技术的设备安装与调试主要包括首部设备安装与调试、管网设备安装与调试和微灌设备安装与调试等环节。

第一节　首部设备安装与调试

一、负压变频供水设备安装

负压变频供水设备安装处应符合控制柜对环境的要求，控制柜前后应有足够的检修通道，进入控制柜的电源线径、控制柜前级的低压柜的容量应有一定的余量，各种检测控制仪表或设备应安装于系统贯通且压力较稳定处，不应对检测控制仪表或设备产生明显的不良影响。如需安装于高温（高于45℃）或具有腐蚀性的地方，在签订订货单时应作具体说明。在安装时发现安装环境不符合时，应及时与原供应商取得联系进行更换。

水泵安装应注意进水管路无泄漏，地面应设置排水沟，并应设置必需的维修设施。水泵安装尺寸见各类水泵安装说明书。

二、离心自吸泵安装

（一）安装使用方法

第一步，建造水泵房和进水池，泵房占地 3 m×5 m 以上，并安装一扇防盗门，进水池 2 m×3 m。

第二步，安装 ZW 型卧式离心自吸泵，进水口连接进水管到进水池底部，出口连接过滤器，一般两个并联。外装水表、压力表及排气阀（排气阀安装在出水管墙外位置，水泵启停时排气阀会溢水，保持泵房内不被水溢湿）。

第三步，安装吸肥管，在吸水管三通处连接阀门，再接过滤器，过滤器与水流方向要保持一致，连接钢丝软管和底阀。

第四步，施肥桶可以配 3 只左右，每只容量 200 L 左右，通过吸肥管分管分别放进各肥料桶内，可以在吸肥时分桶吸入不能同时混配的肥料，在管道中混合。

第五步，施肥浓度，根据进出水管的口径，配置吸肥管的口径，保持施肥浓度在 5%~7%。肥料的吸入量始终随水泵流量大小而改变，而且保持相对稳定的浓度。田间灌溉量大，即流量大，吸肥速度也随之增加，反之，吸肥速度减慢，始终保持浓度相对稳定。

（二）注意事项

施肥时要保持吸肥过滤器和出水过滤器畅通，如遇堵塞，应及时清洗疏通；施肥过程中，当施肥桶内肥液即将吸干时，应及时关闭吸肥阀，防止空气进入泵体产生气蚀。

三、潜水泵安装

（一）安装方法

拆下水泵上部出水口接头，用法兰连接止回阀，止回阀箭头指向水流方向。管道垂直向上伸出池面，经弯头引入泵房，在泵房内与过滤器连接，在过滤器前开一个施肥口，连接施肥泵，前后安装压力表。水泵在水池底部需要垫高 0.2 m 左右，防止淤泥堆积，影响散热。

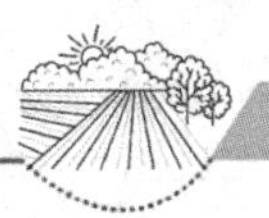

（二）施肥方法

第一步，开启电机，使管道正常供水，压力稳定。第二步，开启施肥泵，调整压力，开始注肥，注肥时需要有操作人员照看，随时关注压力变化及肥量变化，注肥管压力要比出水管压力稍大一些，保证能让肥液注进出水管，但压力不能太大，以免引起倒流，肥料注完后，再灌 15 min 左右的清水，将管网内的剩余肥液送到作物根部。

四、山地微蓄水肥药一体化

山地微蓄水肥药一体化技术是利用山区自然地势高差获得输水压力，对地势相对较低的田块进行微灌，即将“微型蓄水池”和“微型滴灌”组合成“微蓄微灌”。方法如下。

在田块上坡（即地势较高处）建造一定容积的蓄水池，利用自然地势高差产生水压，以塑料输水管把水输送到下部田块，通过安装在田间的出水均匀性良好的滴灌管，把水均匀准确地输送到植株根部，形成自流灌溉。这种方式不需要电源和水泵等动力的配置，适合山区半山区以及丘陵地带果园的灌溉。水池出水口位置直接安装过滤器及排气阀等设备，然后连接管网将水肥药输送到植物根部。

水肥一体可以使肥料全部进入土壤耕作层中，减少了肥料浪费流失及表面挥发，能节肥 15%以上。

山地水肥药一体化技术首部设备主要由引水池、沉沙池、引水管、蓄水池、总阀门、过滤器以及排气阀等组成。这种首部设置简单、安全可靠，如果过滤器性能良好，在施肥施药过程中基本不需要护理。

引水池、沉沙池起到初步过滤水源蓄水的作用，将水源中的泥沙、枝叶等进行拦截。引水管是将水源中的水引到蓄水池的管道，引水管埋在地下，以 0.3~0.4 m 为宜，防止冻裂和人为破坏。如果管路超过 1 km，且途中有起伏坡地，需要在起伏高处设置排气阀，防止气阻。

蓄水池与灌溉地的落差应在10~15 m，蓄水池大小根据水源大小、需灌溉面积确定，一般以50~120 m^3 为宜。蓄水池建造质量要求较高，最好采用钢筋混凝土结构，池体应深埋地下，露出地面部分以不超过池体的1/3为宜。建池时，预装清洗阀、出水阀和溢水口，特别注意要在建造蓄水池的同时安装，使其与水池连成一体，不能在事后打孔安装，否则容易漏水。顶部加盖预留维修口，以确保安全。

过滤器安装在出水阀处，最好同时安装2套为一组的过滤器，方便清洗。施肥池也可以用施肥桶代替，容积1~2 m^3，连接出水管。

第二节　管网设备安装与调试

一、平地管网

在水肥药一体化设施建设过程中，除了选择合适的首部设备外，还需要布局合理、经济实用的供水管网。近几年塑料管业飞速发展，品质日趋成熟，塑料管道以价廉质优的优势代替镀锌管道。目前，灌溉管网的建设，大多采用塑料管道，其中应用最广的有聚氯乙烯（PVC）和聚乙烯（PE）管材管件，其中PVC管需要用专用胶水黏合，PE管需要热熔连接。

（一）开沟挖槽及回填

1. 开挖沟槽

铺设管网的第一步是开沟挖槽，一般沟宽0.4 m、深0.6 m左右，呈“U”形，挖沟要平直，深浅一致，转弯处以90°和135°处理。沟的坡面呈倒梯形，上宽下窄，防止泥土坍塌导致重复工作。在适合机械施工的较大场地，可以用机械施

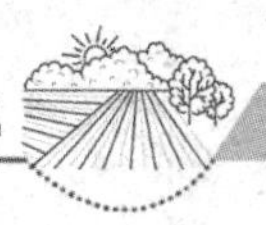

工，在田间需要人工作业。

开挖沟槽时，沟底设计标高上下 0.3 m 的原状土应予保留，禁止扰动，铺管前用人工清理，但一般不宜低于沟底设计标高以下，如局部超挖，需用沙土或合乎要求的原土填补并分层夯实，要求最后形成的沟槽底部平整、密实、无坚硬物质。

（1）当槽底为岩石时，应铲除到设计标高以下不小于 0.15 m，挖深部分用细沙或细土回填密实，厚度不小于 0.15 m；当原土为盐类时，应铺垫细沙或细土。

（2）当槽底土质极差时，可将管沟挖得深一些，然后在挖深的管底用沙填平，用水淹没后再将水吸掉（水淹法），使管底具有足够的支撑力。

（3）凡可能引起管道不均匀沉降的地段，其地基应进行处理，并可采取其他防沉降措施。

开挖沟槽时，如遇有管线、电缆时应加以保护，并及时向相关单位报告，及时解决处理，以防发生事故造成损失。开挖沟槽土层要坚实，如遇松散的回填土、腐殖土或石块等，应进行处理，散土应挖出，重新回填，回填厚度不超过 20 cm 时进行碾压，腐殖土应挖出换填沙砾料，并碾压夯实，如遇石块，应清理出现场，换填土质较好的土回填。在开挖沟槽过程中，应对沟槽底部高程及中线随时测控，以防超挖或偏位。

2. 回填

在管道安装与铺设完毕后回填，回填的时间宜在一昼夜中气温最低的时刻，管道两侧及管顶以上 0.5 m 内的回填土，不得含有碎石、砖块、冻土块及其他杂硬物体。回填土应分层夯实，一次回填高度宜 0.1~0.15 m，先用细沙或细土回填管道两侧，人工夯实后再回填第二层，直至回填到管顶以上 0.5 m 处，沟槽的支撑应在保证施工安全情况下，按回填依次拆除，拆除竖板后，应以沙土填实缝隙。在管道或试压前，管顶以上回填土高度不宜小于 0.5 m，管道接头处 0.2 m 范围内不可回填，以便观察试压时事故情况。管道试压合格后的大面积回填，宜在管道内充满水的情况下进行。管道敷设后不宜长时间处于空管状态，管顶 0.5 m 以上部分的回填土内允许有少量直径不大于 0.1 m 的石块。采用机械回填时，要从管的两侧同时回填，机械不得在管道上方行驶。规范操作能使地下管道更加安全耐用。

（二）PVC 管道安装

与 PVC 管道配套的是 PVC 管件，管道和管件之间用专用胶水粘接，这种胶水能将 PVC 管材、管件表面溶解成胶状，在连接后物质相互渗透，72 h 后即可连成一体。所以，在涂胶的时候应注意胶水用量，不能太多，过多的胶水会沉积在管道底部，把管壁部分溶解变软，降低管道应力，在遇到极端压力的时候，此处最容易破裂，不仅导致维修成本增高，还影响农业生产。

1. 截管

施工前按设计图纸的管径和现场核准的长度（注意扣除管、配件的长度）进行截管。截管工具选用割刀、细齿锯或专用断管机具；截口端面平整并垂直于管轴线（可沿管道圆周作垂直管轴标记再截管）；去掉截口处的毛刺和毛边并磨（刮）倒角（可选用中号砂纸、板锉或角磨机），倒角坡度宜为 15°~20°，倒角长度为 1.0 mm（小口径）或 2~4 mm（中、大口径）。

管材和管件在黏合前应用棉纱或干布将承、插口处粘接表面擦拭干净，使其保持清洁，确保无尘沙与水迹。当表面沾有油污时需用棉纱或干布蘸丙酮等清洁剂将其擦净。棉纱或干布不得带有油腻及污垢。当表面黏附物难以擦净时，可用细砂纸打磨。

2. 粘接

（1）试插及标线。粘接前应进行试插以确保承、插口配合情况符合要求，并根据管件实测承口深度在管端表面画出插入深度标记（粘接时需插入深度即承口深度），对中、大口径管道尤其需注意。

（2）涂胶。涂抹胶水时需先涂承口，后涂插口（管径≥90 mm 的管道承、插面应同时涂刷），重复 2~3 次，宜先环向涂刷再轴向涂刷，胶水涂刷承口时由里向外，插口涂刷应为管端至插入深度标记位置，刷胶纵向长度要比待粘接的管件内孔深度要稍短些，胶水涂抹应迅速、均匀、适量，粘接时保持粘接面湿润且软化。涂胶时应使用鬃刷或尼龙刷，刷宽应为管径的 1/3~1/2，并宜用带盖的敞口容器盛装，随用随开。

（3）连接及固化。承、插口涂抹溶接剂后应立即找正方向将管端插入承口并用力挤压，使管端插入至预先划出的插入深度标记处（即插至承口底部），并保证承、插接口的直度；同时需保持必要的施力时间以防止接口滑脱。当插至 1/2 承口再往里插时宜稍加转动，但不应超过 90°，不应插到底部后进行旋转。

（4）清理。承、插口粘接后应将挤出的溶接剂擦净。粘接后，固化时间 2 h，至少 72 h 后才可以通水。管道粘接不宜在湿度很大的环境下进行，操作场所应远离火源，防止撞击和避免阳光直射，在温度低于-5℃环境中不宜进行，当环境温度为低温或高温时需采取相应措施。

（三）PE 管道安装

PE 管道采用热熔方式连接，有对接式热熔和承插式热熔，一般大口径管道（DN100 以上）都用对接热熔连接，有专用的热熔机，具体可根据机器使用说明进行操作。DN80 以下均可以用承插方式热熔连接，优点是热熔机轻便，可以手持移动；缺点是操作需要2人以上，承插后，管道热熔口容易过热缩小，影响过水。

1. 准备工作

管道连接前，应对管材和管件现场进行外观检查，符合要求方可使用。主要检查项目包括外表面质量、配件质量、材质的一致性等。管材管件的材质一致性直接影响连接后的质量。在寒冷气候（-5℃以下）和大风环境条件下进行连接时，应采取保护措施或调整连接工艺。管道连接时管端应洁净，每次收工时管口应临时封堵，防止杂物进入管内。热熔连接前后，连接工具回执面上的污物应用洁净棉布擦净。

2. 承插连接方法

此方法将管材表面和管件内表面同时无旋转地插入熔接器的模头中加热数秒，然后迅速撤去熔接器，把已加热的管子快速地垂直插入管件，保压、冷却、连接。连接流程：检查—切管—清理接头部位及划线—加热—撤熔接器—找正—管件套入管子并校正—保压、冷却。

（1）要求管子外径大于管件内径，以保证熔接后形成合适的凸缘。

（2）加热。将管材外表面和管件内表面同时无旋转地插入熔接器的模头中回执数秒，加热温度为260℃。

（3）插接。管材管件加热到规定的时间后，迅速从熔接器的模头中拔出并撤去熔接器，快速找正方向，将管件套入管段至划线位置，套入过程中若发现歪斜应及时校正。

（4）保压、冷却。冷却过程中，不得移动管材或管件，完全冷却后才可进行下一个接头的连接操作。

3. 热熔对接连接

热熔对接连接是将与管轴线垂直的两管子对应端面与加热板接触使之加热熔化，撤去回热板后，迅速将熔化端压

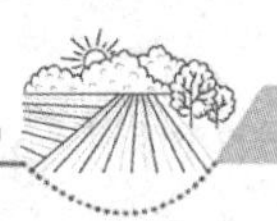

紧，并保证压至接头冷却，从而连接管子。这种连接方式无须管件，连接时必须使用对接焊机。热熔对接连接一般分为5个阶段：预热阶段、吸热阶段、加热板取出阶段、对接阶段、冷却阶段。加热温度和各个阶段所需要的压力及时间应符合热熔连接机具生产厂管材、管件生产厂的规定。连接流程：装夹管子—铣削连接面—回执端面—撤加热板—对接—保压、冷却。

（1）将待连接的两管子分别装夹在对接焊机的两侧夹具上，管子端面应伸出夹具20~30 mm，并调整两管子使其在同一轴线上，管口错边不宜大于管壁厚度的10%。

（2）用专用铣刀同时铣削两端面，使其与管轴线垂直，待两连接面相吻合后，铣削后用刷子、棉布等工具清除管子内外的碎屑及污物。

（3）当加热板的温度达到设定温度后，将加热板插入两端面间同时加热熔化两端面，加热温度和加热时间按对接工具生产厂或管材生产厂的规定，加热完毕快速撤出加热板，接着操纵对接焊机使其中一根管子移动至两端面完全接触并形成均匀凸缘，保持适当压力直到连接部位冷却到室温为止。

二、山地管网

山地灌溉管网适合选用PE管，常规安装方向同平地管网。铺设方法与平地有些不同，主管从蓄水池沿坡而下铺设，高差每隔20~30 m安装减压消能池，消能池内安装浮球阀。埋地0.3 m以下，支管垂直于坡面露出地面，安装阀门，阀门用阀门井保护。

各级支管依照设计要求铺设，关键是滴灌管的铺设需要以等高线方向铺设，出水量更加均匀。

第三节　微灌设备安装与调试

一、微喷灌的安装与调试

微喷灌是利用直接安装在毛管上，或与毛管连接的微喷头将压水流以喷洒状湿润土壤。微喷头孔径较滴灌灌水器大，比滴灌抗堵塞，供水快。微喷灌系统包括水源、供水泵、控制阀门、过滤器、施肥阀、施肥罐、输水管、微喷头等。

材料选择与安装：吊管、支管、主管管径宜分别选用4~5 mm、8~20 mm、32 mm和壁厚2 mm的PVC管，微喷头间距2.8~3 m，工作压力0.18 MPa左右，单相供水泵流量8~12 L/h，要求管道抗堵塞性能好，微喷头射程直径为3.5~4 m，喷水雾化要均匀，布管时两根支管间距2.6 m，把膨胀螺栓固定在长方向距地面2 m的位置上，将支管固定，把微喷头、吊管、弯头连接起来，倒挂式安装好微喷头即可。下面将以大棚作物种植为例，介绍微喷使用方法。

(一) 安装步骤

1. 工具准备

钢锯、轧带、打孔器、手套等。

2. 安装方式

大棚内，微喷一般是倒挂安装，这种方式不仅不占地，还可以方便田间作业。根据田间试验和实际应用效果，微喷头间距以2.5~2.6 m为宜，下挂长度以地面以上1.8~2 m较合适，一般选择“G”形微喷头，微喷头“G”形桥架朝向要朝一个方向，这样喷出的水滴可以互补，提高均匀度。

3. 防滴器安装

在安装过程中，可以安装防滴器，使微喷头在停止喷水的

时候，阻止管内剩余的水滴落，以免影响作物生长。也可不装，其窍门是在安装微喷灌的时候，调整作畦位置和支管安装位置，使喷头安装在畦沟正上方，剩余的水滴落在畦沟里。

4. 端部加喷头

大棚的端部同时安装两个喷头，高度相差 10 cm，其中一个喷头 40 L/h。其作用是使大棚两端湿润更均匀。

5. 喷头预安装

裁剪毛管，以预定长度均匀裁剪，装喷头，然后与喷头安装对接。

6. 固定黑管

黑管常选用黑色低密度（高压）聚乙烯管。把黑管沿大棚方向纵向铺开，调整扭曲部分，使黑管平顺铺在地上，按预定距离打孔，再安装喷头。从大棚末端开始，预留 2 m，开始把装好喷头的黑管捆扎固定在棚管上，注意不宜用铁丝类金属丝捆扎，因为在操作中容易勾丝外翘，扎破大棚膜或者生锈。

（二）安装选型

1. 喷道选择

一套大棚安装几道微喷，要根据大棚宽幅确定。8 m 大棚两道安装，喷头流量 70 L，双流道，型号 LF-GWPS6000，喷幅 6 m。两道黑管距离 4 m 左右，喷头间距 2. 5~2. 6 m，交叉排列。6 m 大棚单条安装，喷头流量 120 L，单流道，型号 LFG-WP8000，喷幅 8 m，间距 2. 5~2. 8 m。大棚两端双个安装，高差 10 cm，其中一个喷头 70 L/h。

2. 喷管选择

喷灌通常选用黑管。这种管材耐老化，能适应严酷的田间气候环境，新料管材能在田间连续使用 10 年以上。

3. 管径选择

根据单条喷灌长度，通过计算得出管道口径，一般长度30 m以内可以用外径16 mm黑管，30～50 m可以用外径20 mm黑管，50～70 m用外径25 mm黑管，70～90 m用外径32 mm黑管。一般长度不超过100 m，这样可以节约成本；长度100 m以上，建议从中间开三通过水。

（三）注意事项

微喷系统安装好后，先检查供水泵，冲洗过滤器和主、支管道，放水2 min，封住尾部，如发现连接部位有问题应及时处理。发现微喷头不喷水时，应停止供水，检查喷孔，如果是沙子等杂物堵塞，应取下喷头，除去杂物，但不可自行扩大喷孔，以免影响微喷质量，同时要检查过滤器是否完好。

微喷灌时，通过阀门控制供水压力，使其保持在0.18 MPa左右。微喷灌时间一般宜选择在上午或下午，这时进行微喷灌后地温能快速上升。喷水时间及间隔可根据作物的不同生长期和需水量来确定。随着作物长势的增高，微喷灌时间逐步增加，经测定，在高温季节微喷灌20 min，可降温6～8℃。因微喷灌的水直接喷洒在作物叶面，便于叶面吸收，促进作物生长。

二、滴灌设备安装与调试

（一）滴灌设备安装

1. 灌水器选型

大棚栽培作物一般选用内镶滴灌带，规格16 mm×200 mm或16 mm×300 mm，壁厚可以根据农户投资需求选择0.2 mm、0.4 mm、0.6 mm，滴孔朝上，平整地铺在畦面的地膜下面。

2. 滴灌带数量

可以根据作物种植要求和投资者意愿，决定每畦铺设的条

数，通常每畦至少铺设 1 条，两条最好。

3. 滴灌带安装

棚头横管用 25"，每棚一个总开关，每畦另外用旁通阀。在多雨季节，大棚中间和棚边土壤湿度不一样，可以通过旁通阀调节灌水量。

铺设滴灌带时，先从下方拉出，由一人控制，另一人拉滴灌带，当滴管带略长于畦面时，将其剪断并将末端折扎，防止异物进入。首部连接旁通或旁通阀，要求把滴灌带用剪刀裁平，如果附近有滴头，则剪去不要，把螺帽往后退，把滴灌带平稳套进旁通阀的口部，适当摁住，再将螺帽往前拧紧即可。将滴灌带尾部折叠并用细绳扎住，打活结，以方便冲洗（用带用堵头也可以，只是在使用过程中受水压泥沙等影响，不容易拧开冲洗，直接用线扎住方便简单）。

把黑管连接总管，三通出口处安装球阀，配置阀门井或阀门箱保护。整体管网安装完成后，通水试压，冲出施工过程中留在管道内的杂物，调整缺陷处，然后关水，滴灌带盖上堵头，25" 黑管上堵头。

（二）设备使用技术

1. 滴灌带通水检查

在滴灌受压出水时，正常滴孔的出水是呈滴水状的，如果有其他洞孔，出水是呈喷水状的，在膜下会有水柱冲击的响声，所以要巡查各处，检查是否有虫咬或其他机械性破洞，发现后及时修补。在滴灌带铺设前，一定要对畦面的地下害虫或越冬害虫进行 1 次灭杀。

2. 灌水时间

初次灌水时，由于土壤团粒疏松，水滴容易直接往下顺着土块空隙流到沟中，没能在畦面实现横向湿润。所以要短时间、多次、间歇灌水，让畦面土壤形成毛细管，促使水分横向湿润。

瓜果类作物在营养生长阶段，要适当控制水量，防止枝叶生长过旺影响结果。在挂果后，滴灌时间要根据滴头流量、土壤湿度、施肥间隔等情况决定。一般在土壤较干时滴灌 3～4 h，而当土壤湿度合适，仅以施肥为目的时，水肥同灌约 1 h 较合适。

3. 清洗过滤器

每次灌溉完成后，需要清洗过滤器。每 3～4 次灌溉后，特别是水肥灌溉后，需要把滴灌带堵头打开冲水，将残留在管壁内的杂质冲洗干净。作物采收后，集中冲水 1 次，收集备用。如果是在大棚内，只需要把滴灌带整条拆下，挂到大棚边的拱管上即可，下次使用时再铺到膜下。

第五章　水肥药一体化系统及规划设计

第一节　系统结构的构成

一、系统结构介绍

系统由监测系统、传输系统、控制决策系统与自动灌溉和施肥系统四部分组成。监测系统的功能是通过相关监测设备（如水分测定仪、养分测定仪等）获取作物生长情况、土壤水含量和养分含量实时情况；传输系统通过传感器将获取的农业生产信息传输给控制决策系统，为控制决策系统确定灌溉施肥方案提供基础依据；控制决策系统通过计算分析土壤水和养分情况，根据具体品种的需肥和需水规律，推荐施肥和灌溉建议，并形成灌溉施肥方案，向灌溉和施肥系统发出指令；灌溉施肥系统接收指令后，完成自动灌溉和自动施肥。

二、系统构成

（一）监测系统

通过土壤水势测定仪、土壤养分分析仪、温湿度计实现了温室大棚内的温度湿度和土壤水分含量、土壤养分信息实时监测。根据监测需要，灵活布置土壤水分传感器，也可将传感器布置在不同的深度，测量剖面土壤水分情况。

还可根据监测需求增加对应传感器，监测土壤温度、土壤电导率、土壤 pH 值、降水量等信息，从而满足系统功能升级的需要。该系统能够全面科学、真实地反映被监测区的土壤变化，可及时、准确地提供各监测点的土壤墒情和养分状况，为精确灌溉和精准施肥提供了重要的基础信息。

（二）传输系统

传感器采集的数据通过有线或无线的方式，传输到服务器；智能摄像头拍摄的视频信号通过有线方式传输到服务器，并通过有线方式控制决策系统发出的控制信号。

（三）控制决策系统

控制决策系统不断去比较采集到的信息与设定值的差别，并制定控制策略，实现温室灌溉施肥智能控制。通过分析土壤水分和养分与测土配方施肥配方推荐和灌溉制度计算数据的差距，确定追肥和灌溉量，形成指令，通过传输系统送达自动灌溉和施肥系统。

（四）自动灌溉和施肥系统

1. 首部枢纽过滤系统

首部枢纽过滤系统采用全自动离心+反冲洗过滤组合，由液压活塞释放压力，并将污水由排污阀排出，整个自清洗过程中，过滤后的净水由出水口持续流出。压差表将压差信号送至电子控制单元，电子控制单元通过电磁阀来控制排污阀的开启和关闭。

2. 棚内首部工艺

灌溉系统首部安装在灌溉首部控制室内，主要包括过滤器、调压阀、压力表、水表、排气阀等设备。棚内首部分别安装在各温室大棚的灌溉出水口处，主要包括电磁阀、过滤器、调压阀、水表等设备。

3. 棚内滴灌设计

常采用波纹管滴灌管道系统，由 3 种管径的管连接组成一

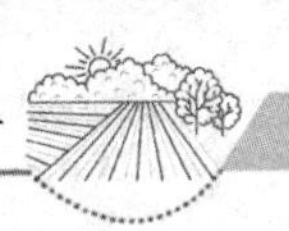

个循环滴灌系统，即直径 40 mm 主管与直径 32 mm 干管连接（由 ϕ40 变 ϕ32 三通连接），直径 32 mm 干管与直径 13 mm 滴管连接（由 ϕ32 变 ϕ13 三通或四通连接）。在直径 40 mm 主管首部配有施肥器，过滤器连接水源，形成水肥药一体化。

4. 地插微喷设计

根据目前温室大棚蔬菜的种植情况，主要种植蔬菜、瓜果等高产值经济作物，大都采用宽行种植，行距为 1~1.2 m，行距的宽窄主要决定于蔬菜的品种和种植季节。

5. 全自动施肥系统

全自动施肥系统是以灌溉系统为基础，在灌溉系统的首部添加肥料搅拌、定量配施和过滤装置，产生无杂质沉淀的液体配方肥料，并使其与灌溉系统主管道相连接，实现依据不同作物、不同生长阶段进行按需精确给肥。该系统不仅可以大幅提高肥料的利用率，提高产量，增强品质，还可避免土壤肥料污染。

第二节　精准灌溉系统的需求性分析

精准灌溉系统的研究与设计需遵循适应性、稳定性和经济性的原则。其具体要求：精准灌溉系统安装方便、操作简单，农户能快速上手；精准灌溉系统的硬件选型需要经济耐用，尤其是用于输送营养液和药液的管道等设备，要求具有耐腐、抗高压的特性；精准灌溉系统的控制软件需要简单易操作，且包含自动控制和手动控制两种模式，以防止精准灌溉系统出现故障；精准灌溉系统的设计成本需较小，且具有节水、节肥、节药和增加农业生产效益的应用效果，使农户能快速回本。在精准灌溉系统的应用过程中，为方便田间管理，田间需划分为多个灌溉区，系统为每个灌溉区配备了两个电磁阀，分别控制喷灌和滴灌模式的启停，从而能为农作物提供定时定量供给或按需供给两种模式的滴灌施肥和喷灌施药。

第三节　精准灌溉系统的硬件选型与设计

一、水源及变频水泵

在精准灌溉系统的研究与设计过程中，灌溉用水均来自建设的约 30 m^3 大小的室外蓄水池，蓄水池水源来自附近约 90 km 距离的池塘，池塘水通过水泵加压引水至蓄水池，具体供水量为 20.0 m^3/h。

同时，配置 CDMF20-3 轻型立式多级离心泵 2 台，设定供水压力为 0.25 MPa，且遵循节水、节能、经济的原则，为水泵配备变频器，以达到按需供给、少量多次的供水效果。值得注意的是，室外蓄水池中的储存水中含有较多的大颗粒沙石、藻类和不溶性矿物质等杂质，且配比好的营养液和药液中也存在一定的不溶性杂质，考虑水肥药一体化技术所使用的喷头或者滴头的孔径很小（尤其是滴头的孔径，一般仅有 0.5~1.2 mm），很容易被水中的杂质堵塞，且长期的杂质残留还会堵塞滴灌带并使其老化，从而增加维护成本。因此，必须要对灌溉水源进行严格的过滤处理，以延长管网系统的寿命和提高精准灌溉系统的灌溉质量。

二、过滤器

过滤器为首部系统的重要部件。在精准灌溉系统的研究与设计过程中，虽然在灌溉前进行了灌溉水的初级处理（利用室外的迷宫式沉淀池对灌溉水中的大颗粒沙石等进行沉淀），但室外的迷宫式沉淀池易产生藻类等有机杂质，选用适用于有机杂质和混合杂质过滤的叠片式过滤器。

三、配肥配药系统

精准灌溉系统的配肥配药系统以混液灌为核心装置，配有能稳定吸肥和吸药的文丘里管、搅拌装置（包括母液桶内搅拌电机和混液罐中的叶轮）、母液桶、过滤器、EC 值传感器、pH 传感器、流量计、止回阀等。母液桶上部桶口均配置一套额定电压为 380 V、功率为 0.75 kW 的搅拌电机，用于母液配置前和配置时的搅拌，以防止母液长时间沉淀造成浓度不均。母液桶底部开口连接 PVC 管形成注肥（药）通道。混液罐内部装有最低液位开关和控制浮子，以确保混液罐内液体量充足，并能维持液位稳定，保证配肥配药过程稳定。混合罐外部出水管设计有分支回路管，并在此分支回路管上，安装 1~2 个高精度双通道 EC 值传感器和高精度双通道 pH 传感器（EC 值传感器的测量精度为 0.01 ms/cm，pH 传感器的测量精度为 0.05），用于实时测量混合液的电导率及酸碱性。

第六章　水肥药一体化应用

第一节　农作物水肥药一体化应用

一、小麦

（一）结合实际选择设备

应选择适合当地水质及土壤条件的过滤器，可以有效地过滤水体中的沙砾，以确保滴灌的粒径不超过 0.125 mm。滴灌系统是一种复杂的设备，它包括首部枢纽、输水管道和滴头。为了保证滴灌设施的正常工作，必须严格遵守相关规范，并设置好阀门和进出口气阀。

挑选设备时，应该仔细考虑设备的流动性和化学药剂的特征。随着技术的进步，PE 已经成为输水管道的主要组成材料，它不仅具有良好的性能，而且能够被轻松地埋入土壤，有效地抵抗太阳辐射，更加安全、经济、高效的保护环境。近年来，随着技术的不断发展，滴灌系统中的 PE 管材性能也逐步完善，添加了抗老化剂，可以延长使用寿命，满足其在滴灌系统中长期使用的需求。

（二）合理铺设滴灌带

首先，根据小麦的生长情况，合理铺设滴灌带可以精准地调整施肥的频率和用量，并且采取有效的土壤含水量监测技术，精准掌握小麦的最佳滴水施肥时机。其次，可以调整耕作

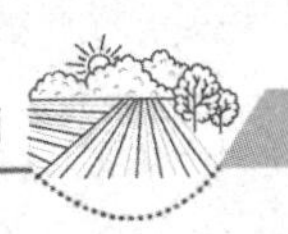

层的水分含量，在较低的土壤湿度条件下控制灌溉。根据小麦的特性，其对土壤水分的要求也不尽相同。从苗期到孕穗期，其对应的含水率最低为82%，而从灌浆期到成熟期，其对应的含水率最低可达65%。

因此，根据不同的生长阶段，应当给予不同的灌溉量。

小麦全生育期的用水量应在400~520 mm，而播种期的需水量应在15%左右，越冬期至拔节期的需水量应在20%左右，而拔节期至孕穗期的需水量应在25%左右。

（三）肥料选择

为了确保小麦的健康生长，应优先选择具有高营养成分、良好的水溶性、对灌溉水影响小、能够与不同品种肥料相溶、混合后不会沉淀的水溶复合肥料。

（四）施肥方式

为了获得最佳的肥料效果，建议使用有机肥料和非水溶性肥料，其中磷肥的比例为40%，而其他肥料则应采用滴灌施肥的方式，特别是氮肥和钾肥。

（五）田间滴灌施肥

为保证滴灌系统的通畅，建议在滴肥之前先滴20~30 min的清水。滴完肥料后，应该继续滴清水20~30 min，以防止管道内的肥料积聚过多。此外，定期检查管道和滴灌器的连接部位，并防止渗漏。一旦发现渗漏，应立即采取措施。为了保证过滤器的正常运行，应定期清洁过滤器，并定期进行离心过滤器的清洗。除此之外，还需要定期检查和维护系统设备。

（六）施药

选药：药剂剂型可选用20%三唑酮乳油防治白粉病、10%吡虫啉可湿性粉剂防治蚜虫。三唑酮为800~1 000倍液，每亩用量50~70 mL；吡虫啉为1 000~1 500倍液，每亩用量20~30 g。

施药时间与频率：白粉病在小麦孕穗至抽穗期施药，视病情施药2~3次，间隔7~10 d；蚜虫在灌浆期防治，一般施药1~2次。

滴灌方式：滴灌可精准施药到根部土壤，控制滴灌速度确保均匀。喷灌可在病虫害大面积时辅助。

根部施药：可在播种前将防治根部病害药剂与基肥混合施入，或通过滴灌施药。提高药剂利用率，防治根部病虫害及地下害虫。如针对小麦全蚀病，选择合适药剂进行根部处理，保障根系健康。

叶面施药：当病虫害在叶片时，用喷灌器均匀喷洒药液。如防治白粉病、蚜虫，确保叶片受药均匀。根据病情调整施药浓度和次数，避免高温等不利条件影响药效。

二、水稻

（一）合理选择水溶性肥料

应用水稻水肥药一体化栽培管理技术时，使用的肥料应具有水溶性特点，不可对管道产生严重腐蚀，不可与灌溉水发生化学反应，避免损坏管道设备。应结合水稻目标产量、肥料需求特点、土壤肥力以及灌溉方式等科学制定施肥制度。水稻水肥药一体化栽培管理技术应用过程中，应严格根据灌溉、施肥制度操作以达到水肥良好耦合的效果，提升水肥利用率。系统运行环节，需要做好检查、维修与保养等工作，保证系统各连接处的牢固性，还应使阀门与压力表等处于良好的状态，使其能够按照水稻生长各阶段实际需求合理施肥。完成施肥工作后，需要用清水将管道冲洗干净，避免肥液残存在管道中，同时定期维护过滤设备。均匀混合水与肥料，若肥料为液体，应多次搅动，确保其与水充分混合；若肥料为固态，需要先将其融于水中，充分搅拌使其成为液体肥，若有必要还应进行过滤，避免出现沉淀问题。精准控制施肥量，通常肥液浓度应为

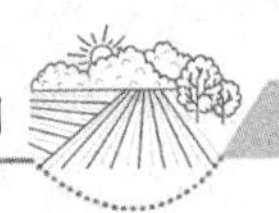

总灌溉量的 0.1%，不可过高，否则会出现烧苗、污染环境等问题。

（二）科学铺设系统管线

设置水肥药一体化灌溉系统时，应综合考虑多种因素，不仅要关注灌溉系统工艺条件，还应考虑投入效益、施肥质量等因素。水肥药一体化灌溉属于一项系统工程，各环节较为繁杂，会对水肥利用效率产生直接影响。管道铺设过程中，需要结合水稻种植地势、水源、灌溉设备类型等，科学铺设干管与支管，做到便于管理，尽量减少建设成本。

（三）选择灌溉设备

水稻水肥药一体化灌溉系统配置环节，主要部件包括首部枢纽、滴头与输水管道等，想要发挥出水肥药一体化技术的作用，应保证滴灌设备良好运行。首部枢纽部件的主要作用是取水、给水、实施增压处理，使水分通过过滤装置到达水稻种植田进行灌溉。该部件中包含控制装置、过滤装置、加压设施、施肥用具、测量装置，其中过滤装置属于首部枢纽中最重要的设备，会直接影响整个滴灌系统的运行质量，相关技术人员在选择过滤装置时，应重点做好水质检测工作，了解其中金属类元素含量，在此基础上合理选择过滤装置。在控制设备上，工作人员应选择高灵敏性及防水性的控制设备，保证灌溉系统高效运行。

（四）灌溉管理

水稻播种前对土壤没有过高的要求，播种后随水分情况滴灌，直至水稻出苗。水稻出苗阶段应滴灌 1~2 次，在不同的生长阶段，水稻的需水情况也各不相同，具体有以下方面。一是蒙头水。水稻播种后至出苗前，为促进水稻出苗应浇蒙头水，该过程中应合理控制水量，保证土壤湿润即可，不可过量，以免出现土壤板结情况。二是越冬水。水稻越冬前应科学滴灌，维持田间墒情，使水稻苗顺利越冬。水的比热容较大，冬季田间墒情较好，保持田间湿润，可起到防寒保暖的作用，从而使水稻更好地应对外界温度变化，避免发生严重冻害。应掌握越冬水浇灌时机，不可过早，也不可过晚，地温在3℃左右时可进行浇灌。三是返青水。进入春天后结合土壤情况，决定是否需要浇返青水，根据气温回升情况，确定浇水时间，在3月中下旬浇返青水。四是拔节水。水稻生长至拔节期，水肥需求较大，该时期应结合施肥进行灌溉，施入水肥，促进地下根系生长，增加穗粒数量。五是孕穗水。水稻孕穗期是水稻整个生长周期中需水量最多的时期，土壤中的水分含量会对水稻增粒产生直接影响。虽然该期间水稻需水量较大，但不可选择大水漫灌的方式，防止出现烂根等问题。六是灌浆水。通常水稻抽穗后15~20 d，应适当浇灌浆水，增加水稻粒重，浇水时间不可过晚，也不可在高温低湿、大风等天气浇水，以免水稻出现倒伏情况。

（五）施肥管理

相关调查结果显示，与传统施肥方式相比，滴灌施肥方式可节省超过30%的肥料，主要是滴灌系统可实施少量多次施肥，同时能够使养分直接到达水稻根系，满足水稻不同生长阶段的需求，进一步提升肥料利用效率，避免出现肥料浪费问题。应选择水溶性肥料，保证肥料杂质少、养分充足，不可腐蚀供水管网。水稻种植水应根据具体需求，也可通过测土配方结果，合理制订营养配方，科学计算每次施肥量。该方式可以有效节省肥料，还能保证幼苗正常生长，提升化肥使用效率。具体施肥环节应与水稻不同生长阶段的养分需求结合，科学滴灌、施肥。在水稻关键生长期做到随时滴水滴肥，应遵循少量多次的原则，提升肥料利用率。

浇灌返青水，第一次滴灌可以选择追施尿素120~150 kg/hm^2、磷酸一铵75 kg/hm^2；第二次滴灌可以追施尿素

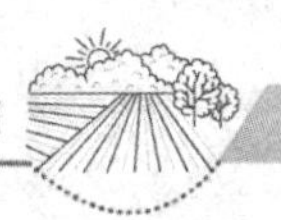

150~225 kg/hm^2、磷酸一铵 75 kg/hm^2；第三次滴灌选择追施尿素 225~300 kg/hm^2、钾肥 75 kg/hm^2；第四次滴灌追施尿素 150 kg/hm^2、钾肥 45 kg/hm^2；第五次向叶面喷施磷酸二氢钾，避免水稻受到干热风危害，提升水稻品质。水稻总施肥量：钾肥 120~195 kg/hm^2、磷酸一铵 150~225 kg/hm^2、磷酸二铵 225~300 kg/hm^2 以及尿素 600~750 kg/hm^2。通过改善水稻灌水条件，保证水肥充足，此过程中还应喷施二甲四氯等药物，可以有效防除杂草，合理控制水肥。水稻拔节前应该喷施矮壮素1 200~1 500g/hm^2。

（六）施药

选药：40%稻瘟灵乳油防治稻瘟病、20%氯虫苯甲酰胺悬浮剂防治二化螟。稻瘟灵为1 000~1 200倍液，每亩用量 60~80 mL；氯虫苯甲酰胺为1 500~2 000倍液，每亩用量 10~15 mL。

施药时间与频率：稻瘟病分蘖期和破口期施药，视病情施药 2~3 次；二化螟视情况施药。

滴灌方式：滴灌均匀施药到根部土壤，喷灌辅助覆盖植株。

根部施药：移栽前与基肥混合施药防治根部病害，生长中可滴灌施药保护根系。提高防治效果，保障水稻健康生长。

叶面施药：针对叶片病虫害喷雾，覆盖中下部叶片。根据病情调整施药浓度和次数，避免扬花期施药影响授粉结实。

三、玉米

（一）水源选择及水源工程

灌溉水源应满足杂质少、不易造成管带堵塞的条件。水源可选择水质合格的水库、河流、水塘、湖泊、水井。无法找到合适水源时，可通过购建蓄水池并引储合格水源来满足要求，在条件允许的情况下可建设固定蓄水池，也可采用购买容积较大的塑料水桶等低成本方案。

（二）施肥系统

常规选择罐混式施肥机，使用时应经常清洗混肥桶以及管网系统，施肥桶和管道都应使用塑料材质，避免使用金属材质，以免与肥料发生反应。

（三）过滤设备

在水动力系统后加装过滤设备，杂质较多的区域需提前配置沉底池，将沉淀后的净水用于灌溉。

（四）量测设备及滴灌带

用于水量监测的小型设备包括流量计、压力表、水表等。其中，水量监测设备需在主管和支管进口处安装，用于监测系统输水量。滴灌带选用优质PE材料，滴孔间距选择范围可根据设计的株距而定，管道内、外壁要求光滑平整，无裂口、气泡、波纹及凹陷。

（五）播种方式

土表耕层温度稳定在8℃以上时采用宽窄行播种，宽行1.0 m，窄行0.4 m，窝距0.3 m，糯玉米、甜加糯玉米采取单粒点播，甜玉米每窝播种2~3粒，播种深度2~5 cm。播种方式一般分为先播种后覆膜和先覆膜后打孔播种。采用膜上播种的顺序是：沟施底肥、填埋、布设滴灌系统、覆膜、播种、覆土；采用膜下播种的顺序是：沟施底肥、填埋、播种、覆土、布设滴灌系统、覆膜。注意播种后及时浇水。

（六）滴灌系统布设

需根据地形、作业情况和种植行向布设主管、支管和滴灌带，主管与支管垂直，支管与滴灌带垂直，均呈“丰”字形排列，滴灌带铺设于窄行中间，与玉米种植行向平行，每条滴

灌带长度应不超过 60 m。

（七）水肥管理

（1）施肥。鲜食玉米全生育期每亩可施用纯氮（N）14.0~16.0 kg、磷肥（P_2O_5）5.0~7.0 kg、钾肥（K_2O）3.5~5.0 kg、硫酸锌（$ZnSO_4$）1.0 kg。播种前在窄行中间开沟，每亩撒施纯氮（N）4.2~4.8 kg、磷肥（P_2O_5）5.0~7.0 kg、钾肥（K_2O）3.5~5.0 kg、硫酸锌（$ZnSO_4$）1.0 kg 作底肥，追肥均通过滴灌方式进行，肥料必须选择水溶性、沉淀少的产品；8~9 叶期施用纯氮（N）2.6~3.0 kg、钾肥（K_2O）1.4~2.0 kg；12~13 叶期施纯氮（N）2.6~3.0 kg、钾肥（K_2O）1.4~2.0 kg；授粉后 1 周施纯氮（N）4.6~6.0 kg、钾肥（K_2O）0.7~1.0 kg。

（2）灌水。根据土壤墒情，鲜食玉米全生育期灌水 5~9 次，苗期需保持土壤含水量 60%~70%，拔节期后是用水高峰，需保持土壤含水量 70%~80%。

（八）施药

选药：20%氯虫苯甲酰胺悬浮剂防治玉米螟、50%多菌灵可湿性粉剂防治大斑病。氯虫苯甲酰胺为 1 500~2 000倍液，每亩用量 10~15 mL；多菌灵为 500~800 倍液，每亩用量 80~100 g。

施药时间与频率：玉米螟大喇叭口期施药，大斑病抽雄期前后施药，视病情施药 2~3 次。

滴灌方式：滴灌确保药液到根部，喷灌用于大面积。

根部施药：播种时与种子一起施药防治地下害虫，生长中滴灌施药防根部病害。减少浪费和污染，有效控制病情。

叶面施药：针对叶片病虫害喷雾，覆盖上部叶片。根据病情调整施药，避免不利条件影响药效。

四、甘薯

甘薯水肥药一体化栽培技术以膜下滴灌为基础，将可溶性肥料、杀菌剂、杀虫剂等随水滴灌到甘薯根系。该技术具有以下优点：可以显著减少水的用量；滴灌施肥、施药只施在根部，显著提高肥料和农药利用率，降低肥料和农药用量；大量节省劳力，施肥、施药速度快；能做到精准浇水、施肥、施药；显著增加甘薯产量，提高品质；在不便于灌溉的丘陵坡地也可做到精准灌溉、施肥、施药；有利于防止肥料农药淋溶而污染环境。

（一）设备的安装与调试

水肥药一体化设备安装要合理布局，每垄上摆放 1 条滴灌带，滴水口间距可根据甘薯株距选择合适的规格。支管道连接滴灌带与垄垂直，每 40~60 m 垄长设 1 个支管道。主管道连接水源和支管道，进水口与施肥器相连。滴灌设备安装后，水无跑漏现象即可。平原地区水源一般是井水和沟渠水，在无固定水源的山地丘陵地区也可用水车拉水进行滴灌。

（二）水肥药一体化管理

甘薯栽后要及时浇 1 次透水（每亩灌水量 10~15 m^3），起垄前未使用农药的地块可以结合滴灌每亩用 40%辛硫磷乳油 1 kg 防治地下害虫，如蝼蛄、金针虫、地老虎、蛴螬等。

7 月中下旬薯块进入膨大期，这时结合滴灌每亩追施硫酸钾 5 kg。

可根据甘薯品种特性，每亩用 80%福美双水分散颗粒剂 1 kg，或 80%多菌灵可湿性粉剂 1.2 kg 防治黑斑病；每亩用 1.8%阿维菌素乳油 1.5 kg 防治茎线虫病。8 月正值雨季，根据植株长势及天气情况，确定浇水时间、施肥种类和施肥量。

（三）施肥施药方法

施肥方法：将肥料在施肥罐内溶解好，先浇 5~10 min 清水，然后将肥随水施入。施肥结束后，再浇 5 min 清水，冲洗管道内残余肥料。

选药：50%多菌灵可湿性粉剂防治黑斑病、2.5%溴氰菊酯乳油防治甘薯天蛾。多菌灵为 500~600 倍液，每亩用量 100~120 g；溴氰菊酯为 2 000~2 500倍液，每亩用量 20~30 mL。

施药时间与频率：黑斑病块根膨大期前施药，视病情施药 1~2 次；甘薯天蛾视情况施药。

滴灌方式：滴灌均匀施药到根部土壤，喷灌辅助扩大范围。

根部施药：种植前与基肥混合施药防治根部病害，生长中滴灌施药提高利用率。预防病害发生，保障甘薯生长。

叶面施药：针对害虫喷雾，覆盖上部叶片。根据病情调整施药浓度和次数，确保防治效果。

（四）科学化控

甘薯地上部生长过旺，田间通风透光性差，不但影响养分向薯块积累，还易引起病虫害。通常在甘薯栽植 50 d 后，根据田间长势每亩用 15%多效唑可湿性粉剂 100~200g 喷施叶面，重点喷施甘薯茎尖的生长点，不要重喷、漏喷。7~10 d 后可根据甘薯长势和天气情况，再喷施 1~2 次。

五、花生

（一）播种及滴灌系统铺设

夏直播花生应抢时早播。提倡单粒播种，每亩种植密度 15 000~16 000 穴；双粒播种时，每亩种植 10 000~11 000穴。采用起垄覆膜方式，垄宽 80~90 cm，垄上花生行距 30~

40 cm，两行花生间铺设滴灌管。宜采用农艺性能优良的花生联合播种机，将起垄、播种、铺滴灌带、喷洒除草剂、覆膜、膜上压土等工序一次完成。除草剂应符合国家有关规定，采用除草地膜可省去喷施除草剂的工序。选用宽度 90 cm、厚度 0.004～0.006 mm、透明度≥80%、展铺性好的常规聚乙烯地膜。

根据垄长及滴灌带数量确定铺设主管道，主管道为内径 75 mm 的胶管。采用单翼迷宫式滴灌带，内径 16 mm，滴孔间距 300 mm，流量 1.5 L/h。单条滴灌带铺设长度宜控制在 80 m 内，最长不宜超过 100 m。施肥器安放在泵站地面，便于施肥及调节，一侧连接水源、一侧连接主管道。

（二）水肥药一体化管理

1. 肥料品种

花生的质量、产量通常会受到栽培过程中肥料因素的影响，所以合适的肥料能够明显促使作物营养均衡生长，提高产量。通常来看，氮元素与磷元素是化肥中的主要成分，以这 2 种元素为主的化肥能够为花生的生长提供充足的营养成分，并促使增加花生植株，进而提高开花效率，结出更多的果实。以钾元素为主的肥料，能对生长后期的果实产生膨大效果，同时将营养物质进行转移，输送至荚果部分。

肥料中各项营养元素之间比例适当，能够将营养成分的最佳作用充分发挥，使花生植株能够更加充分地进行光合作用，营养物质也会向籽粒有效转移，这种方式能够将植株成长所需的矿物质成分更加均匀地分配到生殖器官。另外，在花生培育过程中，化肥的种类也会对花生籽仁的质量产生影响，花生籽仁的蛋白质含量会随着施肥过程中氮元素的增加而降低，而脂肪含量会相应增加。

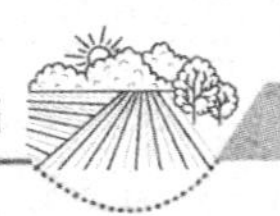

2. 施肥量对花生生长发育和产量的影响

在对花生作物施肥的过程中，若施肥量有所增长，那么花生植株的高度、分枝数量，以及单株植株的结果数、生产力都会增加。若花生的品种及植株生长特性有所不同，那么不同花生种类在面对施肥量的变化时，也会具有一定的差异性。试验数据显示，在施肥量控制增长的情况下，某品种的花生作物产量主要呈现先升后降的趋势，在对植株施以复合肥与尿素后，花生的产量最高。

（1）灌水量对花生生长的影响。作物的生长离不开水分的支持和供养，所以灌水量对花生生长发育也起到十分重要的作用，特别是在植株生长过程中对生长发育特征、光合作用特性、干物质生产、生理生化特性及产量和品质的影响较大。在现实生产管理过程中，合理灌溉水分，能够明显促进花生生长发育，改善其光合特性，提高光合效能，提高产量和品质。但花生适应生长区大多属于干旱缺水地区，所以既要保证植株高产、增产的灌水量，还要考虑节约用水问题，这已成为花生育种工作亟待解决的关键问题。

（2）适合花生生长与发育的水溶肥。在水肥药一体化技术实施过程中，除了施肥技术对花生生长情况会产生影响外，肥料中的各类营养成分和元素比例若不合理也会对花生的生长发育产生一定的抑制作用。

其中，常见的抑制因素之一是氮元素，氮元素的含量过低，会致使花生植株高度达不到正常标准，而氮元素充足的肥料能够使花生植株长势良好。而富含磷元素的肥料能够针对性提高植株中各分枝的生长和伸长。若花生植株采用氮磷钾三元复合肥料，肥料中的各种营养成分能够产生积极反应，促使花生在生殖生长之前营养充足，并相应提升叶绿素含量，增强光合作用，促使干物质不断积累，为后期生殖生长所用，所以，不同配比的氮、磷、钾水溶肥，对提高花生的主茎与侧枝高度有一定的促进作用，在确保肥料质量及数量充足时，应在春季进行均衡施肥，有针对性地增强花生长势。施肥的科学合理化，能够在很大程度上确保花生在生长与生殖过程中营养均衡，促使光合产物高效运输，提高花生果实的质量和产量。

基于此，水溶肥的使用能够将花生的产量与质量显著提高并增强，单果重也会提升，所以水溶肥的效果要比普通肥明显。在不同类型的水溶肥施肥过程中，均衡施肥方式，更能为花生植株提供充足的多元素营养成分，促使其产量增高，施用含氮肥的产量要比施用含磷肥的产量高。

3. 水肥管理

适时滴灌施肥，根据目标产量确定需肥总量，依据天气情况、土壤含水量、花生生长发育的阶段特点灵活掌握滴灌时间，应在花生未受到水分胁迫以前进行滴灌。由于麦茬夏花生播期高温，加上旋耕散墒快，容易墒情不足，应特别注重浇出苗水，为“干播湿出”的关键。

（1）播种至出苗期。为保证“干播湿出”效果，播种后及时灌水。

当土壤水分低于最大持水量的65%时，应立即膜下滴灌，根据干湿程度确定水量，亩灌水量为5~30 m^3。出苗期及时在早晚时段破膜放苗，以免高温烫苗。

（2）苗期。当土壤水分低于土壤最大持水量50%时滴灌，亩灌水量为5~15 m^3。出苗率达到80%时滴肥15%。

（3）开花下针期。此期是花生需水临界期，需水量较大，适宜的土壤含水量为土壤最大持水量的60%~70%。

土壤最大持水量在50%以下时应及时滴灌，特别是开花量达到70%时要及时灌水，亩灌水量为15~25 m^3，根据墒情可分次滴灌。在开花中前期进行滴肥35%。

（4）结荚期。该时期是花生生长发育旺盛期，也是需水

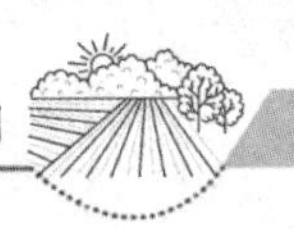

最敏感的时期。当土壤水分低于田间最大持水量的 60%时，应立即进行滴灌。根据天气及干旱程度可分二三次滴灌，每亩每次灌水量为 10~30 m^3，保证结荚期土壤湿润。结合灌水应滴肥 40%，根据情况可分次施用。

（5）饱果期。饱果成熟期，花生对水分的消耗逐渐减少，适宜土壤水分为土壤最大持水量的 50%~60%，不足最大持水量的 50%时应滴灌，亩灌水量为 10~30 m^3，根据实际情况可分次滴灌。结合灌水在饱果前期滴肥 10%。

4. 施药

选药：50%多菌灵可湿性粉剂防治叶斑病、5%辛硫磷颗粒剂防治蛴螬。多菌灵为 600~800 倍液，每亩用量 80~100 g；辛硫磷每亩用量 2~3 kg。

施药时间与频率：叶斑病开花下针期施药，视病情施药 2~3 次；蛴螬视情况施药。

滴灌方式：滴灌精准施药到根部，喷灌配合大面积施药。

根部施药：播种时与种子一起施药防治地下害虫和病害，对蛴螬可撒颗粒剂。提高药剂利用率，有效防治病害。

叶面施药：针对叶斑病喷雾，覆盖上部叶片。根据病情调整施药，避免不利条件影响药效。

六、油菜

（一）滴灌地面设备清洗与运行

滴灌系统清洗与运行以前，应检查管道附属设备是否符合设计要求，接头、阀门及仪表等设备是否有损坏和连接牢固。发现问题，应及时维修或更换。

运行过程中，根据测量仪表的读数，检查系统是否在设计工况下运行；检查管道、管件及其他附属设备和各连接处是否漏水。发现问题及时维修或更换。

（二）水肥药一体化管理

1. 灌水方式

灌溉采用轮灌方式，每轮灌组控制面积 1.3 hm^2。

2. 滴灌带铺设

滴灌带在播种时一次性铺设，滴灌带滴头流量为 1.38 L/h，滴头间距 30 cm，滴灌带间距 60 cm，1 条滴灌带控制 2 行。

3. 灌溉制度

苗期灌溉：灌水 3 次，间隔时间 6~8 d，每次灌水 240~315 m^3/hm^2。

蕾薹期灌溉：灌水 4 次，间隔时间 5~7 d，每次灌水量 285~360 m^3/hm^2。

盛花期灌溉；灌水 5 次，间隔时间 5~7 d，每次灌水量 330~405 m^3/hm^2。

成熟期灌溉：灌水 3 次，间隔时间 6~8 d，每次灌水量 255~330 m^3/hm^2。

4. 全生育期灌溉

油菜全生育期灌水定额为 4 275~5 400 m^2/hm^2，灌水从苗期开始到收获前 10~15 d。另外，还应根据天气情况，连续高温时应及时补灌。

5. 施肥管理

（1）滴灌肥料的选择。滴灌肥料的选择和配制需要注意以下两点。

磷酸根的肥料与钙、镁、铁、锌等金属离子的肥料混合后会产生沉淀；含钙离子的肥料与含硫酸根离子的肥料混合后会产生沉淀。因此，硝酸钙与硫酸镁、硫酸钾、硫酸铵混合时会生成溶解度很低的硫酸钙，不适宜混合使用。

选择滴灌肥料时，首先要考虑溶解度，要求在田间温度

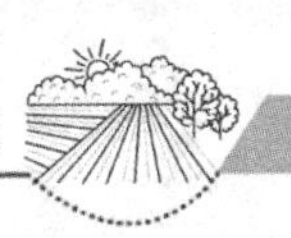

条件下肥料的溶解度要高，在常温下能够完全溶解。溶解度高的肥料沉淀物少，不易堵塞管道和出水口。目前市场上常见的溶解性好的普通大量元素固体肥料有尿素、硝酸铵、硫酸铵、硝酸钙、硝酸钾、磷酸、磷酸二氢钾、磷酸一铵、硫酸钾等，常用的中量元素肥料有硫酸镁，微量元素应选用螯合态的肥料。

（2）施肥。根据油菜生长发育规律，滴水量前少后多，即苗期少、薹花期水量大。生产上播种后灌出苗水，亩灌水 20 m^3 左右；出苗后第一水在 5 月中旬油菜苗约 2 叶 1 心时，亩灌水 30 m^3 左右；第二水在 5 月下旬油菜 4~5 片真叶、定苗后，亩灌水 30 m^3 左右；第三水在 6 月上旬油菜抽薹期，亩灌水 40 m^3 左右；油菜初花期和盛花期各灌水 1 次，每次亩灌水 50 m^3 左右，中间间隔 7~10 d；油菜角果期灌水 2 次，每次亩灌水 40 m^3 左右，中间间隔 10 d。油菜全生育期需灌水 8 次，亩共灌水 300 m^3，最后 1 次灌水在 8 月 15 日前完成。

施肥要求施足底肥，早施苗肥，重施蕾肥，巧施花肥。油菜田一般在 5 月中旬油菜苗约 2 叶 1 心期，随滴水亩追施矿源黄腐酸钾 2 kg；5 月下旬定苗后 4~5 叶期，随灌水亩追施尿素 4 kg、磷酸二铵 3 kg；6 月中旬蕾薹期，随灌水亩追施尿素 6 kg、磷酸二铵 3 kg、硫酸钾 2 kg；6 月下旬初花期，随灌水亩追施尿素 3 kg、磷酸二铵 2 kg、硫酸钾 2 kg。为防止油菜花而不实，在 6 月下旬油菜初花期前喷施硼肥，亩用硼砂 0.1 kg，兑水 40~50 L 滴灌，提高油菜结实率。7 月中下旬在油菜成熟期叶面喷施磷酸二氢钾 2 次，每次亩用磷酸二氢钾 0.1 kg，兑水 30 L 叶面喷施，中间间隔 15 d，保证花序结荚饱满，增加千粒重。

（三）施药

选药：50%多菌灵可湿性粉剂防治菌核病、10%吡虫啉可湿性粉剂防治蚜虫。多菌灵为 800~1 000倍液，每亩用量 70~

90 g；吡虫啉为1 000~1 500倍液，每亩用量20~30 g。

施药时间与频率：菌核病初花期和盛花期施药，视病情施药2~3次；蚜虫视情况施药。

滴灌方式：滴灌合理施药到根部土壤，喷灌辅助扩大范围。

根部施药：播种前与基肥混合施药防治根部病害，生长中滴灌施药提高利用率。有效控制病情，保障油菜生长。

叶面施药：针对病虫害喷雾，覆盖上部叶片。根据病情调整施药浓度和次数，避免不利条件影响药效。

第二节 蔬菜水肥药一体化应用

一、茄子

（一）配置水肥一体化施肥系统

根据种植茄子区域面积，安装水肥一体化施肥灌溉系统设备。该系统由水源工程、首部枢纽（水泵、动力机、过滤器、控制阀等）、输配水管网（干管、支管、毛管）、水肥药一体化水器（施肥系统、滴灌管等）以及流量、压力控制部件和测量仪等组成。

（二）水肥药一体化管理

1. 施肥

根据土壤养分特点、作物需肥规律、施肥效应、目标产量等因素，确定合理的施肥量。以尿素、磷酸一铵、硫酸钾为原料，采用N：P：K=20：10：20茄子专用配方合理随水冲施专用肥，不仅可减少水肥用量，比常规节水60%左右、节肥50%左右，还可增产，比常规水肥管理增产12.5%左右，经济效益显著。水肥药一体化还可降低环境污染，有较好的生态效益。

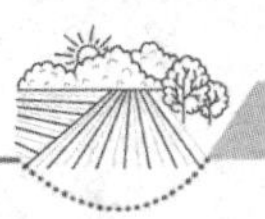

2. 灌溉施肥方法

首先根据种植灌溉面积计算出所需肥料数量，然后根据每桶水能溶解肥料的数量分批加入铁桶或塑料桶内，最后根据每桶营养液输出的时间确定注肥总时间，待注肥结束后再灌水0.5 h，将管道及灌溉设施内的肥液冲洗干净，以防肥液及杂质腐蚀水利设备。

3. 施药

选药：药剂剂型可选用50%多菌灵可湿性粉剂防治病害，2.5%溴氰菊酯乳油防治虫害。多菌灵为600~800倍液，每亩用量80~100 g；溴氰菊酯为2 000~2 500倍液，每亩用量20~30 mL。

施药时间与频率：在茄子生长过程中，发现病害初期或虫害发生时施药。视病情施药2~3次，间隔7~10 d。

滴灌方式：滴灌可将药肥混合液精准施入根部土壤，控制滴灌速度确保均匀分布。喷灌在病虫害大面积发生时辅助使用，调整喷头角度和压力。微灌可根据茄子需水需药情况局部精准灌溉施药。

根部施药：可在种植前将防治根部病害的药剂与基肥混合施入土壤，或在生长过程中通过滴灌施药。提高药剂利用率，防治根部病害及地下害虫。如针对茄子根腐病等，选择合适药剂进行根部处理，保障茄子根系健康生长。

叶面施药：当病虫害发生在叶片上时，采用叶面施药。用喷灌器将药液均匀喷洒在叶片上，确保叶片受药均匀。根据病情调整施药浓度和次数，避免高温等不利条件影响药效。

二、番茄

（一）滴灌设备安装

水肥药一体化设备由控制柜、水泵、止回阀、远程压力表和滴灌管等组成。水泵为功率 11 kW 的立式 7 级自吸式离心泵，通过控制柜和远程压力表设定输水压力；施肥器前端为离心式过滤器，后端为网式过滤器，输水主管为直径 75~110 mm 的 PE 管，棚内支管为直径 50 mm 的 PE 管（一般设在棚中间位置，并与种植行垂直）；滴灌管内径为 16 mm，滴孔间距为 20 cm 或 30 cm，滴灌管与种植行平行摆放；施肥器为自动水动力比例泵，并联安装在输水主管网离心式过滤器和网式过滤器之间，输水主管网离心式过滤器与网式过滤器之间、施肥器两端各安装 1 个控制阀，用于调节棚内滴灌系统的压力和肥液的流量；施肥器吸管放置在水肥混合容器内。

（二）水肥药一体化管理

1. 微灌施肥方案

在番茄定植之后需要进行 1 次透水滴灌，每亩地灌溉用水量在 21 m^3 左右，从而实现幼苗的缓苗处理。番茄苗期以及开花时期分别需要进行 1~2 次的微灌，同时需配合 16.3 kg 尿素以及 12.1 kg 硫酸钾施入，可根据幼苗生长情况进行施入次数以及数量的调整。番茄结果时期可从大棚气温条件的变化方面考虑进行滴灌次数的调整，每立方米的滴灌用水量在 12~22 m^3，同时可施入 15 kg 硫酸钾以及 13 kg 尿素。番茄采收时期，需每间隔 15~20 d 进行 1 次水肥滴灌，可根据天气状况以及土壤水肥条件进行调整。

2. 微灌施肥操作

在灌溉时首先需将肥料控制器关闭，进行水分滴灌，实现对管道的冲刷，一般需进行 15~20 min 清水的滴灌，之后将配制好的肥液进行滴灌，需保证过滤网固定良好且过滤通畅，避免存在堵塞情况。在施肥时需要根据需肥要求进行肥料的合理配置，并控制好施肥浓度，避免肥料数量过多，导致出现系统堵塞的情况。施肥时间一般控制在 40~60 min 即可，确保养分

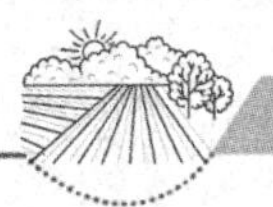

以及水分的定时定量施入。施肥完成之后同样再次进行清水滴灌，一般以 20 min 左右为佳，实现对管道以及滴头的冲洗，水肥药一体化系统实施时需定期对过滤器及过滤网进行检查，确保过滤质量稳定，灌溉过程中需将滴管尾部打开，或通过增加管道压力的方式实现对管内污物的冲刷。

番茄对水肥要求较高，切不可大水漫灌，避免造成土壤养分流失和植株徒长。定植后 5~7 d，浇 1 次返苗水后进行控水蹲苗，生育前期一般不施肥浇水，除非天气干旱、植株表现缺水症状时方可适当浇水；果实长至乒乓球大小时，每亩随水滴施尿素 10 kg、硫酸钾复合肥（或其他优质速溶肥）15 kg；之后根据叶色和留果量每 15 d 左右施肥浇水 1 次，施肥量同第一次；番茄生长中后期可结合病虫害防治进行根外追肥，即在喷药时在药液中加 0. 3%尿素、0. 3%磷酸二氢钾溶液；采收前 30 d 左右停止施肥，缺水时仅浇水。

3. 施药

选药：防治早疫病可选用 75%百菌清可湿性粉剂，防治蚜虫可用 10%吡虫啉可湿性粉剂。百菌清为 500~700 倍液，每亩用量 80~100 g；吡虫啉为 1 000~1 500倍液，每亩用量 20~30 g。

施药时间与频率：早疫病在番茄生长中期易发生，发现病害及时施药，视病情施药 2~3 次，间隔 7~10 d。蚜虫根据虫害情况适时施药。

滴灌方式：滴灌均匀施药到根部土壤。喷灌辅助覆盖植株。

根部施药：移栽前与基肥混合施药防治根部病害，生长中可滴灌施药保护根系。提高防治效果，保障番茄健康生长。

叶面施药：针对叶片病虫害喷雾，覆盖叶片。根据病情调整施药浓度和次数，避免在不利条件下施药影响药效。

三、辣椒

（一）安装滴灌设施

滴灌设施是水肥药一体化系统中的重要组成部分之一，在辣椒栽培所有准备工作完成以后就需要对滴灌设施进行设计安装。设计安装工作一定要在辣椒苗定植前完成，在滴灌设施设计安装完毕之后才能对辣椒苗进行地膜覆盖。辣椒滴灌设施应安装在栽培地水源附近，保证辣椒滴灌水源充足，还要配备电机功率为1 000W的电机，保证所选用的滴灌水泵1 h内上水量能达到5~6 m^3，滴灌设备的滴灌管以双上孔单塑料软管为最佳，再加以接头、施肥器等其他配件组成水肥药一体化系统。滴水管铺设要同辣椒田畦面走向一致，滴灌装置的出水孔要朝上才能保证辣椒苗均可以受到灌溉，滴灌系统的支管以垂直方向安装在田头，同时还要在支管上安装施肥器用于后续的施肥工作。滴灌装置安装完成后即可进行地膜的铺设工作，地膜以黑色为最佳，地膜铺设一定要拉平，地膜边压盖在辣椒田畦面上。

在滴灌设施使用过程中，辣椒施肥需要等滴灌系统可以正常运行后再向施肥器内加入肥料。如若在施肥过程中出水中断，要及时进行检查并将阀门关闭，以防出现肥液倒流的现象。滴灌系统运行一定时间以后内部会产生污垢，在每次灌溉结束以后都要对灌溉系统整体和施肥罐进行清洁，方便下次使用。

（二）水肥药一体化管理

1. 选用合适的辣椒滴灌肥料

根据辣椒生长的需求选用合适的辣椒滴灌肥料进行施肥，且所选用的辣椒滴灌肥料必须是速溶性滴灌专用肥料，有机质含量要高，能满足辣椒栽培所需的营养要求。另外，还可以根

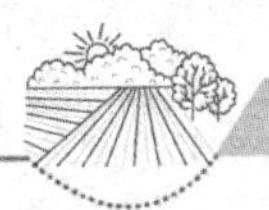

据辣椒栽培肥料需求对肥料进行配制，在肥料配制时要选用稍微大一点的容器，有助于加快肥料配制过程中的溶解，能过滤出肥料中的残渣物质等，有效促进辣椒生长。

2. 水肥药一体化的辣椒栽培灌溉

辣椒水肥药一体化栽培，一般在定植水浇灌 3 d 之后对辣椒苗进行缓浇，缓浇时间以 7~10 d 为一周期，定植后的灌溉一定要水分充足，才能保证辣椒苗的茁壮成长，灌溉工作可以同施肥工作结合进行，促进辣椒产量的提升和质量的提高。

3. 水肥药一体化的辣椒栽培施肥

水肥药一体化栽培的辣椒虫害防治、施肥工作同样十分重要，一般水肥药一体化的虫害防治方法是以防虫网进行阻挡或黄板进行诱杀，再结合农药喷洒的方式科学防控虫害。辣椒栽培的施肥工作分为基肥和追肥两部分，基肥一般是将硫酸钾、磷酸钙、鸡粪按照一定的比例配合进行施肥，施肥结束后对地面进行深耕处理，让肥料被土壤充分吸收，创造良好的辣椒培育环境。基肥工作完成后，需要根据不同品种辣椒、不同生长周期、土壤肥力情况进行追肥，将适量的速溶肥料溶于水中，加入水肥药一体化的施肥器中科学施肥。

4. 施药

选药：防治炭疽病可选用 70%甲基硫菌灵可湿性粉剂，防治烟青虫可用 2.5%高效氯氟氰菊酯乳油。甲基硫菌灵为 600~800 倍液，每亩用量 80~100 g；高效氯氟氰菊酯为 2 000~2 500倍液，每亩用量 20~30 mL。

施药时间与频率：炭疽病在辣椒结果期易发生，视病情施药 2~3 次，间隔 7~10 d。烟青虫根据虫害情况适时施药。

滴灌方式：滴灌确保药液到根部，控制滴灌速度。喷灌用于大面积发生时辅助。

根部施药：种植前与基肥混合施药防治根部病害，生长中滴灌施药。减少浪费和污染，有效控制病情。

叶面施药：针对叶片病虫害喷雾，覆盖上部叶片。根据病情调整施药，避免不利条件影响药效。

四、黄瓜

（一）设备的组成

滴灌设备一般由首部、支管和毛管三部分组成。目前常用的首部主要有文丘里式和压差式施肥罐两种，支管选择40ϕ的，毛管选用内镶式的滴管。支、毛管的走向和行距按照地形、水源及黄瓜的种植模式设置。首部应该装在水源附近，要有离心泵和电机，电机功率为 1 kW，水泵上水量为 5~6 m^3/h。

（二）安装时间

黄瓜定植后即可开始安装，支管必须顺着棚长的方向安装，滴管和支管方向垂直，即按棚宽的方向安装。

滴管铺在靠近根部的地方，间距和黄瓜的行距保持一致。如果采取覆膜栽培方式，应安装完滴管后进行覆膜。

（三）操作方法

用作滴灌的肥料应是速溶性肥料品种，可用硝酸铵、硝酸钾、尿素和磷酸二氢钾等配制，也可选择滴灌专用肥。

如果用磷酸一铵作为磷素肥料，必须在施肥前溶解好，施用清液。每次灌溉施肥前，按照水肥管理中所述肥料配方称取肥料，用较大的容器将其溶解、过滤，肥液倒入施肥罐（文丘里式可用水桶等敞开容器），渣滓倒掉，注意渣滓倒入土壤中时不要集中倒在一起，避免肥料浓度过大引起烧苗。施肥罐与主管上的调压阀并联，施肥罐的进水管要到罐的底部，施肥前先灌水 10~20 min。施肥时，拧紧罐盖，打开罐的进水阀和出水阀，罐注满水后，调节阀门的大小，使其产生 2 m 左右的

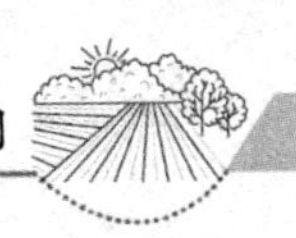

压差，将肥液吸入滴灌系统中，通过各级管道和滴头以水滴形式湿润土壤。施肥时间控制在40~60 min，防止由于施肥速度过快或过慢造成施肥不匀或者不足。灌溉从10时开始，时间2.5~4 h。施肥结束后，滴灌系统要继续运行30 min以上来清洗管道，以防止滴管堵塞，并保证肥料全部施于土壤，渗到要求深度，提高肥效。

（四）水肥药一体化管理

1. 水分管理

定植时滴灌1次；定植至初花期，10~12 d滴灌1次；进入根瓜期，10 d滴灌1次；腰瓜期，7 d滴灌1次；盛瓜期，5 d滴灌1次。

2. 肥料

管理追肥以滴肥为主，滴肥与滴水交替进行。追肥时期及追肥量：初花期滴黄金肥（N、P、K含量12%，有机质含量30%），滴肥量5 kg/亩。初瓜期滴肥2次，每次滴黄金肥（N、P、K含量12%，有机质含量30%）6~8 kg/亩。盛瓜期滴肥8次，4次滴冲冠肥（N-P-K为15-5-20）8 kg/亩，另外，4次滴冲冠肥（N-P-K为14-4-36）8 kg/亩。

3. 施药

选药：防治霜霉病可用72%霜脲·锰锌可湿性粉剂，防治蚜虫用10%吡虫啉可湿性粉剂。霜脲·锰锌为600~800倍液，每亩用量80~100 g；吡虫啉为1 000~1 500倍液，每亩用量20~30 g。

施药时间与频率：霜霉病在黄瓜生长中后期易发生，视病情施药2~3次，间隔7~10 d。蚜虫根据虫害情况适时施药。

滴灌方式：滴灌均匀施药到根部土壤。喷灌辅助覆盖植株。

根部施药：可在种植前将药剂与基肥混合施入土壤，生长中滴灌施药防治根部病害。提高药剂利用率，防治根部病虫害。

叶面施药：针对叶片病虫害喷雾，确保叶片受药均匀。根据病情调整施药浓度和次数，避免不利条件影响药效。

五、西葫芦

（一）设备的组成

滴灌设备一般由首部、支管和毛管三部分组成。目前常用的首部主要有文丘里式和压差式施肥罐两种，支管选择 40ϕ 的，毛管选用内镶式的滴管。支、毛管的走向和行距按照地形、水源及西葫芦的种植模式来设置。首部应该安在水源附近，要有离心泵和电机，电机功率为 1 kW，水泵上水量为 5～6 m^3/h。

（二）安装时间

西葫芦定植后即可开始安装，支管必须顺着棚长的方向安装，滴管和支管方向垂直，即按棚宽的方向安装。滴管铺在靠近根部的地方，间距和西葫芦的行距保持一致。如果采取覆膜栽培方式，应安装完滴管后进行覆膜。

（三）操作方法

用作滴灌的肥料应是速溶性肥料品种，每次灌溉施肥前，按照水肥管理中所述肥料配方称取所用肥料，用较大的容器把肥料溶解、过滤，肥液倒入施肥罐（文丘里式可用水桶等敞开容器），渣滓倒掉，注意渣滓倒入土壤中时不要集中倒在一起，否则肥料浓度过大会引起烧苗。施肥罐与主管上的调压阀并联，施肥罐的进水管要达罐的底部，施肥前先灌水 10～20 min。施肥时间控制在 40～60 min，防止由于施肥速度过快或过慢造成施肥不匀或者不足。日光温室一般从 10 时开始，滴灌总用时间 2.5～4 h。加肥结束后，滴灌系统要继续运行 30 min 以上清洗管道，以防止滴管堵塞，并保证肥料全部施于

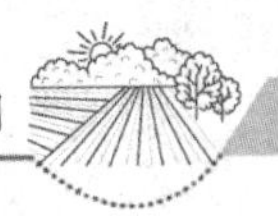

土壤，渗到要求深度，提高肥效。

（四）水肥药一体化管理

定植后根据墒情滴灌 1 次缓苗水，促进缓苗。缓苗后到根瓜坐住前要控制浇水。当根瓜长达 10 cm 左右时滴灌 1 次，并每亩追施磷酸二铵 20 kg 或氮、磷、钾复合肥 25 kg。深冬期间，15~20 d 滴灌 1 次，用水量不宜过大。每滴灌两次可追肥 1 次，追肥时冲施氮、磷、钾复合肥 10~15 kg/亩，要选择晴天上午滴灌，避免在阴雪天前浇水。滴灌后在棚温上升到 28℃时，开通风口排湿。如遇阴雨天或棚内湿度较大时，可用粉尘剂或烟雾剂防治病害。2 月中下旬以后，间隔 10~12 d，滴灌 1 次，每亩每次随水追施氮、磷、钾复合肥 15 kg 或腐熟人粪尿、鸡粪 300 kg。

选药：防治白粉病可选用 25%三唑酮可湿性粉剂，防治蚜虫用 10%吡虫啉可湿性粉剂。三唑酮为 800~1 000倍液，每亩用量 50~70 g；吡虫啉为 1 000~1 500倍液，每亩用量 20~30 g。

施药时间与频率：白粉病在西葫芦生长过程中易发生，视病情施药 2~3 次，间隔 7~10 d。蚜虫根据虫害情况适时施药。

滴灌方式：滴灌精准施药到根部土壤。喷灌辅助。

根部施药：种植前与基肥混合施药防治根部病害，生长中滴灌施药。提高药剂利用率，预防病害发生。

叶面施药：针对叶片病虫害喷雾，覆盖叶片。根据病情调整施药浓度和次数，确保防治效果。

六、苦瓜

（一）灌溉系统

在设计方面，要根据地形、田块、单元、土壤质地、作物种植方式、水源特点等基本情况，设计管道系统的埋设深度、长度、灌区面积等。水肥药一体化的灌水方式可采用管道灌溉、喷灌、微喷灌、泵加压滴灌、重力滴灌等。

(二) 施肥系统

在田间设计定量施肥，一般包括动力设备、水泵、过滤器、施肥器、泄压阀、逆止阀、水表、压力表以及控制设备。

施肥装置：文丘里施肥器。

过滤器：水质净化设备。

控制和量测设备：水表，开关。

施肥桶：300 L，每次加入肥料 2~3 kg。

(三) 水肥药一体化管理

1. 选择肥料

固态以粉状为首选，要求水溶性强，含杂质少，不应该用颗粒状复合肥；如果用液肥，必须经过过滤，以免堵塞管道。

2. 水肥管理

(1) 水分管理。苦瓜对水的要求是前期少，后期多，苗期要适当控制水，以防止徒长，根瓜坐稳后，需水量逐渐增加，坐瓜后需水量大。滴水时间及滴水量视品种、土壤含水量、天气状况、苦瓜生长而定。定植前 1 d，应把土壤浇透；定植后，晴天每天早、晚各 1 次，每次 10~15 min；阴天每天 1 次或隔天 1 次，以土壤达到下层有水，中层湿润，上层干爽的程度为最好。

(2) 肥料管理。第一真叶始，每 4 d 喷 2 000 倍农季高液，共 4 次。生长期：每 5 d 滴 1 000 倍农季高液，共 3 次。结果期：每 5 d 滴 500 倍农季高液，共 6 次。每 5 d 滴芭田之星水肥，亩施 5 kg，共 6 次，间隔轮换。

3. 施药

选药：防治枯萎病可选用 50% 多菌灵可湿性粉剂，防治

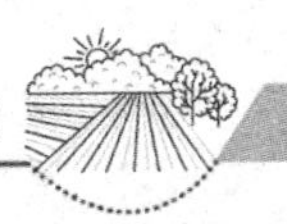

瓜实蝇可用2.5%溴氰菊酯乳油。多菌灵为600~800倍液，每亩用量80~100 g；溴氰菊酯为2 000~2 500倍液，每亩用量20~30 mL。

施药时间与频率：枯萎病在苦瓜生长中后期易发生，视病情施药2~3次，间隔7~10 d。瓜实蝇根据虫害情况适时施药。

滴灌方式：滴灌均匀施药到根部土壤。喷灌辅助扩大范围。

根部施药：种植前与基肥混合施药防治根部病害，生长中滴灌施药。有效控制病情，保障苦瓜生长。

叶面施药：针对害虫喷雾，覆盖叶片。根据病情调整施药浓度和次数，避免不利条件影响药效。

七、大白菜

（一）滴灌系统安装

铺设滴灌主管道，支管上设活接口，转接管径为40 mm的聚乙烯软管，软管上设滴灌管插口并安装开关。在钢架大棚上覆盖防虫网，防虫网的四周用土压严、压实，棚顶压线绷紧，以防春季被强风掀开，留正门揭盖，整理好防虫网周边准备定植。

（二）水肥药一体化管理

1. 水肥管理

出苗前基质持水量应达到100%以上；子叶展开至2叶1心，基质水分含量为最大持水量的80%左右；3叶1心期，基质水分含量应保持在70%左右。后期注意防止幼苗徒长，不干不浇水，定植前2 d喷水。2叶1心后，结合喷水喷施1次叶面肥，可选用0.2%~0.3%尿素或0.2%磷酸二氢钾溶液。

选择晴天上午浇水，原则为少浇、轻浇、勤浇，施肥采取早施、轻施、勤施；定植水要浇透，缓苗水适当晚浇，不蹲苗，一促到底。苗期施“提苗肥”，每亩随水滴灌速效氮肥5 kg。莲座期施“发棵肥”，每亩随水滴灌尿素6~7 kg、硫酸钾4~5 kg，保持土壤见干见湿。结球期每隔7~10 d浇1次水，保持土壤湿润，结球初期和结球中期每亩分别随水滴灌三元复合肥（N-P-K为15-15-15）10 kg；缺钙土壤每亩施用硝酸钙20 kg。收获前7~10 d停止浇水，以利于大白菜贮藏运输。全生育期共浇水5~6次，比传统栽培模式少浇1~2次，每亩节约浇水量50~100 m^3，减少肥料用量33%。

2. 施药

选药：防治霜霉病可用72%霜脲·锰锌可湿性粉剂，防治蚜虫用10%吡虫啉可湿性粉剂。霜脲·锰锌为600~800倍液，每亩用量80~100 g；吡虫啉为1 000~1 500倍液，每亩用量20~30 g。

施药时间与频率：霜霉病在大白菜生长中后期易发生，视病情施药2~3次，间隔7~10 d。蚜虫根据虫害情况适时施药。

滴灌方式：滴灌均匀施药到根部土壤。喷灌辅助覆盖植株。

根部施药：种植前与基肥混合施药防治根部病害，生长中滴灌施药。提高防治效果，保障大白菜健康生长。

叶面施药：针对叶片病虫害喷雾，确保叶片受药均匀。根据病情调整施药浓度和次数，避免不利条件影响药效。

八、生菜

（一）微灌施肥设施

微灌设施栽培，每两行铺设一条滴灌管，滴头间距30 cm。

生菜根系入土不深，且不同的生长期对水分的要求不同。膜下水肥药一体化微灌技术具有省肥、省水、省工，减轻病虫

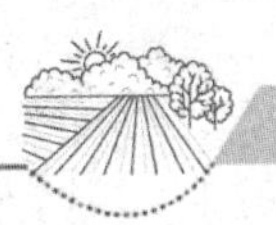

害、草害发生，提高品质和产量等优点。微灌设施配套可根据菜园的地形、面积灵活安排，配置水井、电机（或柴油机）、潜水泵（或离心泵）、水管道、管道控制阀门、软微灌带、肥料池等设备。管网由干、支两级组成，主管选用直径 50 mm 的 PE 管材；支管选用软微灌带，管径 25 mm、滴头间距 25~30 cm。

（二）水肥药一体化管理

1. 科学浇水

根据生菜不同生长期对水分要求的不同，结合土壤墒情、施肥时间的安排及降水情况确定灌水时期、次数和灌水量。

幼苗期宜保持土壤湿润，土壤太干植株生长不良，太湿易徒长。莲座中期至结球前期要适当蹲苗，促进根系生长和下扎，有利于养分的吸收积累。结球期生长量大，如果田间缺水，植株叶片小，口味苦，品质、产量会下降，因此水分供应要充足。结球后期土壤不能过干过湿，以免水分供给不平衡发生裂球或引发病害。生菜忌积水，因此遇降雨要清沟排水。采收前 10 d 田间要严格控制水分，以利于产品的采收和贮运。

2. 合理施肥

选取应用的肥料要求在常温下具有全水溶性并含有植物生长所需的所有营养元素，建议使用固体全价滴灌肥（A 肥）和（B 肥），使用时按 1：20 的比例分别配成营养液放入两个小塑料桶中，分别用管道和循环泵连接，每隔 2~3 d 浇 1 次营养液。

追肥前将所需水溶性肥料倒入塑料桶中充分溶解，并用细纱网过滤后注入肥料池。稀释后的肥水通过水肥药一体化系统施入田中，施肥结束后，要用清水将管内剩余的肥料冲洗干净。微灌系统施肥一定要控制好肥液浓度，浓度太高会“烧伤”根系，一般每立方米水加 1~3 kg 水溶性肥料。

3. 施药

选药：防治霜霉病可用72%霜脲·锰锌可湿性粉剂，防治蚜虫用10%吡虫啉可湿性粉剂。霜脲·锰锌为600~800倍液，每亩用量80~100 g；吡虫啉为1 000~1 500倍液，每亩用量20~30 g。

施药时间与频率：霜霉病在生菜生长中后期易发生，视病情施药2~3次，间隔7~10 d。蚜虫根据虫害情况适时施药。

滴灌方式：滴灌精准施药到根部土壤。喷灌辅助。

根部施药：种植前与基肥混合施药防治根部病害，生长中滴灌施药。提高药剂利用率，预防病害发生。

叶面施药：针对叶片病虫害喷雾，覆盖叶片。根据病情调整施药浓度和次数，确保防治效果。

九、芹菜

（一）铺设滴灌设施

沿着主路两侧铺设滴灌带，每侧铺设两条滴灌带，直径为10~16 mm，将工作水压力设定为1.5~1.8 kPa，各喷头之间保持28~32 cm的间距。地上微喷滴管选择倒挂微喷的方式，距离为1.8~2.5 m，喷射半径范围是2.5~4 m。

（二）水肥药一体化管理

1. 微灌施肥

定植后及时滴灌1次透水，每亩用水量为21 m^3，以利于缓苗。芹菜营养生长盛期，植株需水量加大，每3~4 d滴灌1次，每亩施尿素15~20 kg、硫酸钾12.1 kg，用水量21 m^3，以促进秧苗生长，防止老化。生长中后期根据气温情况，每隔4~5 d滴灌施肥1次，每亩用水量为22 m^3，施尿素13~15 kg、硫酸钾13 kg，以优化单株产量品质。

滴灌湿润深度通常为30 cm。滴灌的原则为少量多次，不

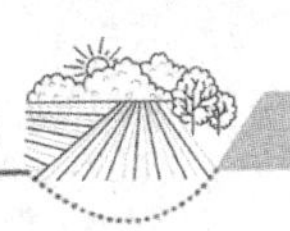

可通过延长滴灌时间来达到多灌水的目的。值得注意的是，每次添加肥料时，一定要控制好肥液的浓度，一般 1 m³ 水中加入 1 kg 的肥料即可，若肥料用量过大，易造成系统堵塞和肥料浪费。施肥时间控制在 40～60 min，保证水分、养分定时定量，按比例供给作物。每次施肥结束后再滴 20～30 min 清水清洗管道，防止滴头堵塞。

2. 施药

选药：防治斑枯病可选用 70%代森锰锌可湿性粉剂，防治蚜虫用 10%吡虫啉可湿性粉剂。代森锰锌为 600～800 倍液，每亩用量 80～100 g；吡虫啉为 1 000～1 500 倍液，每亩用量 20～30 g。

施药时间与频率：斑枯病在芹菜生长过程中易发生，视病情施药 2～3 次，间隔 7～10 d。蚜虫根据虫害情况适时施药。

滴灌方式：滴灌均匀施药到根部土壤。喷灌辅助覆盖植株。

根部施药：种植前与基肥混合施药防治根部病害，生长中滴灌施药。提高防治效果，保障芹菜健康生长。

叶面施药：针对叶片病虫害喷雾，确保叶片受药均匀。根据病情调整施药浓度和次数，避免不利条件影响药效。

十、胡萝卜

（一）建立灌溉系统

管道灌溉系统会影响胡萝卜的种植质量，因此，选用水肥药一体化种植技术时，需要建立完善的灌溉系统。进行设计时，需要全面了解掌握土壤质地、地形、水源等情况，在此基础上对管道系统的深度、长度、灌区面积、毛管大小等进行合理的设计规划，确保灌溉系统的科学性。水肥药一体化的灌水方式可以使用管道灌溉、喷灌、渗灌等，大水漫灌的方式不可取，不仅会大量损失氮素，还会浪费大量的水资源，节水效果不理想。

例如，喷灌方式主要是洒水设施前面带有喷头，在压强作用下，水能够喷射到高空呈现水雾状洒落在胡萝卜的叶子上，此种灌溉方式节水效果较好，灌溉过程中只需要投入少量的人力资源，而且会提高胡萝卜的生长量，并不会影响土壤土质条件。

（二）水肥药一体化管理

1. 正确选择肥料

水肥药一体化技术是将肥料溶解在灌溉水中，再借助压力灌溉系统将水肥混合物均匀地输送到胡萝卜根部或者根系附近的土壤中，为胡萝卜生长提供充足的养分，这就要求农民需要正确选择肥料。水肥药一体化的灌溉系统采用的是滴管方式，为了提高节水节肥效果，滴管的末端喷头一般都设置得比较细，如果肥料的颗粒比较大，在灌溉过程中很容易堵住喷头，影响灌溉。因此，在选择肥料时，选择溶解度高和颗粒小的肥料，选择营养含量达标、腐蚀性较低的肥料。像氨水、尿素、硫酸铵等都是不错的肥料品种，如果要使用沼液或者腐植酸液肥，就需要经过过滤后使用，避免堵塞喷头。

2. 控制肥料浓度

进行肥料配制时，需要根据肥料的化学特性进行合理配制，严格控制肥料浓度和比例。像含钙、镁离子较多的肥料，进行配制时需要控制好比例，这种肥料配制后容易出现沉淀问题，沉淀物会堵塞住喷头，影响灌溉作业的正常进行。如果肥料的浓度太高，肥力效果就比较强，胡萝卜会出现肥害现象，叶子快速暗淡、萎蔫，地下根系变色、腐烂、烧根，严重影响胡萝卜的正常生长。

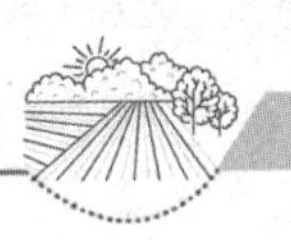

3. 合理灌水

胡萝卜种植后，需要根据胡萝卜的生长阶段制订合理的灌水计划。浇水量并不是越多越好，需要控制在合理范围内，如果浇水不足，胡萝卜的肉质根瘦小而且粗糙；如果浇水不均匀，胡萝卜很容易出现开裂现象；如果浇水过多，不仅浪费了水资源，还会影响土壤结构。首先，使用水肥药一体化技术，可以在胡萝卜的生长期采取高频灌溉方式，出水口小、流速慢、灌水时间长、灌水频率高，这样可以让胡萝卜保持长时间湿润。其次，选择合适的灌溉时间，一般来说，胡萝卜浇水工作最好安排在清晨或者傍晚，温度较高的中午不适合浇水，会造成胡萝卜根裂现象。

4. 选择合适的施肥方式

在进行胡萝卜施肥时，水肥药一体化技术的施肥方式多样化，但是不同的施肥方式具有不同的优劣势。因此，为了提高施肥效果，需要根据胡萝卜种植的实际情况，综合考虑温度、天气条件，确定合适的施肥方式，以达到增产效果。目前，重力施肥、注入施肥、压差施肥等都是常用的施肥方式。压差施肥方式的优点是成本低、操作简单方便，缺点是随着时间的增加，压差式施肥罐的出口肥液浓度会逐渐降低，从而导致肥效不匀。

5. 施药

选药：防治黑斑病可选用50%多菌灵可湿性粉剂，防治蚜虫用10%吡虫啉可湿性粉剂。多菌灵为600~800倍液，每亩用量80~100 g；吡虫啉为1 000~1 500倍液，每亩用量20~30 g。

施药时间与频率：黑斑病在胡萝卜生长过程中易发生，视病情施药2~3次，间隔7~10 d。蚜虫根据虫害情况适时施药。

滴灌方式：滴灌精准施药到根部土壤。喷灌辅助。

根部施药：种植前与基肥混合施药防治根部病害，生长中滴灌施药。提高药剂利用率，预防病害发生。

叶面施药：针对叶片病虫害喷雾，覆盖叶片。根据病情调整施药浓度和次数，确保防治效果。

十一、豇豆

（一）系统设备安装及水源设置

水肥药一体化系统首部主要包括过滤器施肥器、阀门控制装置，施肥系统是1.5 m^3 施肥罐。地上输水主管用 ϕ75 mm 软带，毛管为 ϕ16 mm 的滴灌带。水源是出水量为160 m^3/h 的机井，出水压力为2 MPa。

（二）滴灌带铺设

毛管间距1.2 m，等距，平铺一管一膜双行，株距22～25 cm。

（三）水肥药一体化管理

1. 水分管理

出苗水，灌水定额30 m^3；5月30日滴插杆水30 m^3，结荚后7～10 d 滴水1次，共10～12次，每次灌水定额15～20 m^3。播种至拉秧其生育期约150 d，总灌水量280～300 m^3。

2. 肥料管理

根据豇豆需肥特性、基础地力及目标产量，总结出配套施肥技术。一般施入磷酸二铵10 kg/亩、过磷酸钙20 kg/亩、硫酸钾8 kg/亩。追肥以滴肥为主，肥料先在容器溶解后再放入施肥罐。滴肥与滴水交替进行，即滴1次肥后，再滴1次水。

追肥时期及追肥量：初花期滴尿素1次，用量为5 kg；结荚盛期滴肥4次，每次滴尿素4 kg、硫酸钾3 kg、磷酸一铵（72%）2 kg。

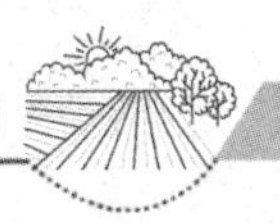

严禁使用不可溶肥料或农药。在溶解肥料时，不要将固体肥料直接放入肥料罐，应在罐外充分溶解后倒入施肥罐。滴入肥料前先滴水约 40 min，滴完肥料后，要有 30 min 滴清水的时间清洗管路，避免肥料在滴头处结晶堵塞滴头。

3. 施药

选药：防治锈病可选用 15%三唑酮可湿性粉剂，防治豆荚螟可用 2. 5%高效氯氟氰菊酯乳油。三唑酮为 800～1 000倍液，每亩用量 50～70 g；高效氯氟氰菊酯为2 000～2 500倍液，每亩用量 20～30 mL。

施药时间与频率：锈病在豇豆生长过程中易发生，视病情施药 2～3 次，间隔 7～10 d。豆荚螟根据虫害情况适时施药。

滴灌方式：滴灌均匀施药到根部土壤。喷灌辅助。

根部施药：种植前与基肥混合施药防治根部病害，生长中滴灌施药。提高防治效果，保障豇豆健康生长。

叶面施药：针对叶片病虫害喷雾，覆盖叶片。根据病情调整施药浓度和次数，确保防治效果。

十二、大豆

（一）水肥药一体化系统组成

应视水源的泥沙情况选配过滤器。具体要求如下：过滤水中的砂石，选用泥沙过滤器做一级过滤设备；过滤水中有机杂质，选用网式过滤器做二级过滤设备。

施肥罐宜选用压差式施肥罐。

（二）水肥药一体化管理

1. 水肥管理

开花至鼓粒期是大豆需肥、需水高峰期。如果此期脱肥或干旱就会出现早衰，易造成大豆落花落荚，致使单株荚数、荚粒数及粒重下降，直接影响产量和品质。应用水肥药一体化滴灌系统，结合灌水，初花期按照每亩6 kg尿素、2.5 kg钾肥，鼓粒期每亩5 kg尿素的量，在配肥罐中充分溶解后进入滴灌系统追肥。也可采用无人机结合除虫和化控进行叶面追肥1~2次（使用硼、锌、钙肥各15g）。

2. 施药

选药：防治根腐病可选用50%多菌灵可湿性粉剂，防治蚜虫用10%吡虫啉可湿性粉剂。多菌灵为600~800倍液，每亩用量80~100 g；吡虫啉为1 000~1 500倍液，每亩用量20~30 g。

施药时间与频率：根腐病在大豆生长过程中易发生，视病情施药2~3次，间隔7~10 d。蚜虫根据虫害情况适时施药。

滴灌方式：滴灌均匀施药到根部土壤。喷灌辅助。

根部施药：种植前与基肥混合施药防治根部病害，生长中滴灌施药。提高药剂利用率，预防病害发生。

叶面施药：针对叶片病虫害喷雾，覆盖叶片。根据病情调整施药浓度和次数，确保防治效果。

十三、马铃薯

（一）水肥药一体化系统组成

水肥药一体化系统由贮水系统、输水系统、过滤系统、施肥系统、滴灌系统和水分监测系统组成。马铃薯水肥药一体化栽培需要有充足的水源保证灌溉，贮水系统水源点可包括水库、堰塘、长流水沟渠等。

输水系统又称为输水管道工程，主要由增压泵、输水管道、控制阀等组件构成，当水源自然落差不足15 m时，滴灌带压力不足，需要安装增压泵来增加水压。

输水管道大小视灌溉面积确定，一般采用DN50~110PVC或PE输水管道，需要分区域进行灌溉，需安装区间控制阀，

区间控制阀与主管道相匹配。区间内安装支线管道，通常采用DN50~63PVC、PE管道或输水带，以输水带为最佳，安装和拆除方便，便于农事作业。因滴灌管容易堵塞，需安装过滤器或过滤系统，灌溉面积较大时可多管并联安装3~4个过滤器+控制阀，形成过滤系统，以提供清洁水源。

施肥系统由溶肥装置通过控制部件与输水管道相连接，以增压泵为界，分为前给肥和后给肥系统，前给肥系统是将肥料溶入溶肥池通过增压泵虹吸肥料溶液进入输水管道。后给肥系统是在增压泵后端连接调压式施肥罐，通过管道水压调节将肥料溶液注入输水管道。小面积的栽培可采用便携式施肥泵连接输水带进行施肥。

滴灌系统主要由滴灌带和连接旁通阀组成，一般采用16 mm内镶贴片式滴灌带及部件，孔距根据播种行距和土壤水分渗透力决定，土壤水分渗透力强，播种行距大，滴灌带孔距减小，或每垄安装两条滴灌带。

水分监测系统主要包括土壤水分监测仪及相关设备，有条件的基地可安装物联网设备进行控制。

（二）水肥药一体化管理

1. 水分管理

（1）灌水指标。水分管理需根据马铃薯不同品种、不同生育期需水特性、土壤墒情、植株生长情况进行水分调节。出苗期需保持土壤相对含水量15%左右，在温度适宜的情况下15~20 d出芽率可达到80%以上。进入苗期管理，需要视土壤温湿度适时进行滴灌，通常情况下苗期需保持土壤相对含水量15%~16%。至现蕾开花期，马铃薯开始结薯，应加大滴水量，使土壤相对含水量保持在18%以上。薯块膨大是关键时期，产量的形成需要大量的水分供应，应保持膜内土壤相对含水量达到20%左右。至收获前1周左右滴水停止。

（2）灌水量。马铃薯全生育期灌水12~15次，总灌水量2 250~3 000 m^3/hm^2。以生育期为90~100 d的品种为例，播种到出苗期，需要滴水3次，第一次滴水需使垄内土壤全面湿润，滴水渗透深度15~20 cm，灌水量为每300 m^3/hm^2，间隔12~15 d滴水1次，每次滴水量150 m^3/hm^2。齐苗至初花期，需要滴水3次，每隔7~10 d 1次，每次180 m^3/hm^2。初花至终花期，需要滴水4次，每周滴水1次，每次225 m^3/hm^2。终花至叶片枯萎期滴水3次，每隔5~7 d滴水1次，每次270 m^3/hm^2。

2. 追肥管理

马铃薯喜钾，据报道，每生产1 000 kg鲜薯需要吸收氮（N）4.4~5.5 kg，磷（P_2O_5）1.8~2.2 kg，钾（K_2O）7.9~10.2 kg，氮、磷、钾的比例约为5∶2∶10。

因底肥施用充足，出苗期的前2次滴灌不需要滴肥，苗齐后需要及时追肥提苗，使植株及早封行，施用尿素75 kg/hm^2。现蕾至始花是块茎形成期，养分吸收量增大，施用尿素75 kg/hm^2+52%水溶性硫酸钾75 kg/hm^2。花后薯块进入膨大期，施入52%水溶性硫酸钾150 kg/hm^2，为防止植株早衰，根据植株长势情况，叶面喷施磷酸二氢钾1~2次，每次15 kg/hm^2。施肥时，将肥料溶解于施肥罐，通过施肥泵注入滴灌系统，前1~2 h只滴清水，中间滴带肥料的水溶液，后0.5~1 h再滴清水，一方面防止肥料稀释过大渗透流失，另一方面可防止未溶解肥料堵塞滴孔。

3. 施药

选药：防治晚疫病可选用68.75%氟菌·霜霉威悬浮剂，防治蚜虫用10%吡虫啉可湿性粉剂。氟菌·霜霉威为600~800倍液，每亩用量80~100 mL；吡虫啉为1 000~1 500倍液，每亩用量20~30 g。

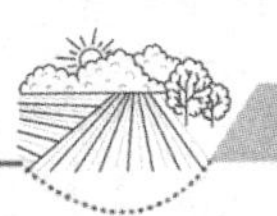

施药时间与频率：晚疫病在马铃薯生长中后期易发生，视病情施药2~3次，间隔7~10 d。蚜虫根据虫害情况适时施药。

滴灌方式：滴灌均匀施药到根部土壤。喷灌辅助。

根部施药：种植前与基肥混合施药防治根部病害，生长中滴灌施药。提高防治效果，保障马铃薯健康生长。

叶面施药：针对叶片病虫害喷雾，覆盖叶片。根据病情调整施药浓度和次数，确保防治效果。

十四、西蓝花

（一）设施要求

1. 输送管网

采用主干管、支管和滴灌带3级管网，滴灌带为出水器。滴灌带参数为直径16 mm、壁厚0.2 mm、流量2.0 L/h、滴头间距0.2 m。

2. 动力系统

系统首部采用移动式柴油发电机组，将水泵、发电机组和过滤器等设备安装在移动平台中，由6寸（20 cm）离心泵、变频控制柜、电磁阀远程控制和智能水肥一体化设备组成动力系统。

（二）水肥药一体化管理

1. 施肥原则

根据西蓝花不同的生育期选用不同配方的水溶性肥料。生长期至莲座期施用平衡型水溶肥，莲座初期施用高钾型水溶肥。根据西蓝花的长势施用适量中量元素水溶性肥料，切忌任意混配各种化学肥料，以免发生沉淀反应或造成养分损失。

2. 施肥方法

将肥料溶于水形成一定浓度的母液，母液浓度不宜过大，以免发生重结晶。施肥前，用清水滴灌 5 min 以上，然后打开肥料母液储存罐的控制开关，使母液进入灌溉系统，最后将母液调至相应浓度后施入田间。施肥结束后，再用清水滴灌 5 min 以上，防止管道中剩余的肥液沉淀后堵住滴头。

3. 施肥时间和施肥量

根据土壤肥力、植株长势、天气情况等追肥，以少量多次为原则，一般每 7~10 d 追肥 1 次，植株生长旺盛、天气晴好时可少量追施水肥。

（1）苗期。定植时每亩滴水 50~60 m^3，定植后 3~5 d 滴灌 1 次，每次每亩灌水 50 m^3，随水施高氮型水溶肥（缓苗肥）5 kg。

（2）定植成活后至莲座期。7~10 d 滴灌 1 次，每次每亩灌水 50 m^3，随水施高氮肥 10 kg，共滴灌 2~3 次。

（3）营养生长期。7~10 d 滴灌 1 次，每次每亩灌水 50 m^3、随水施高钾型水溶肥 20 kg，共灌溉 5~6 次。

（4）花球生长期。视天气情况 10~15 d 滴灌 1 次，每次每亩灌水 50 m^3，花球长成后停止灌水。

4. 喷施微肥

西蓝花花球形成初期，结合病虫防治每亩喷施磷酸二氢钾 50g、国光朋 99%硼酸 20 mL、14-芸苔素内酯 10 mL，以提高花球质量，降低黄蕾、焦蕾、花球空心的发生率，并促进花球膨大，提高植株抗逆抗病能力。

5. 施药

选药：防治霜霉病可用 72%霜脲·锰锌可湿性粉剂，防治菜青虫可用 2.5%溴氰菊酯乳油。霜脲·锰锌为 600~800 倍液，每亩用量 80~100 g；溴氰菊酯为 2 000~2 500倍液，每亩用量 20~30 mL。

施药时间与频率：霜霉病在西蓝花生长过程中易发生，视

病情施药 2~3 次，间隔 7~10 d。菜青虫根据虫害情况适时施药。

滴灌方式：滴灌均匀施药到根部土壤。喷灌辅助。

根部施药：种植前与基肥混合施药防治根部病害，生长中滴灌施药。提高药剂利用率，预防病害发生。

叶面施药：针对叶片病虫害喷雾，覆盖叶片。根据病情调整施药浓度和次数，确保防治效果。

十五、芦笋

（一）水肥一体系统组成

水肥一体系统包括水泵、水池、过滤器、施肥器、控制设备、干管、支管、滴灌带。水源为 30 m 深井，水池为 8 m^3，水泵为 7.5 kW，干管、支管采用 PVC 塑料管，干管直径为 75 mm，支管直径为 50 mm。滴灌带孔距 25 cm。在水池旁建有控制台，控制水肥管理。

（二）水肥药一体化管理

1. 水肥管理

（1）培育壮苗。3 月上旬育苗。播种前进行种子处理，用 50 孔穴盘育苗。在棚顶苗床上方铺设喷头，70%幼苗出土时去除小拱棚膜并逐步通风炼苗。4 月水肥结合喷施 0.03%的尿素水溶液 1 次。

（2）施好定植肥。5 月上中旬当芦笋苗龄达 60~70 d、株高 15~20 cm 时移栽定植。定植前深翻整平土地，按 1.5 m 的行距开沟，沟宽 40 cm、深 40 cm，沟内每亩施入优质有机肥 2 000 kg、三元复合肥 50 kg。定植行距 150 cm、株距 35 cm。定植后浇足底水，每行芦笋铺 1 根滴灌带，与田头管接通。

（3）定植后水肥管理。视天气情况和墒情变化适时浇水。结合浇水进行追肥，定植初期，淡肥勤施，促苗早发；定植缓棵后、新茎抽生前每亩各灌水追施 15：15：15 复合肥 5 kg；为促使春节能上市，入秋后追施 1 次秋发肥，每亩施15：15：15 复合肥 30 kg。

（4）加大采收期追肥。进入采笋期后增加追肥次数和追肥量，每采收 1 次即施肥 1 次，基本每 15 d 亩追施复合肥（15：7：23）8 kg。

2. 施药

选药：防治茎枯病可选用 50%多菌灵可湿性粉剂，防治蚜虫用 10%吡虫啉可湿性粉剂。多菌灵为 600~800 倍液，每亩用量 80~100 g；吡虫啉为1 000~1 500倍液，每亩用量 20~30 g。

施药时间与频率：茎枯病在芦笋生长过程中易发生，视病情施药 2~3 次，间隔 7~10 d。蚜虫根据虫害情况适时施药。

滴灌方式：滴灌均匀施药到根部土壤。喷灌辅助。

根部施药：种植前与基肥混合施药防治根部病害，生长中滴灌施药。提高防治效果，保障芦笋健康生长。

叶面施药：针对叶片病虫害喷雾，覆盖叶片。根据病情调整施药浓度和次数，确保防治效果。

十六、山药

（一）滴灌系统

为了保证滴灌水肥药一体化的顺利实施，应加强滴灌系统的日常维护。追肥前将肥料在施肥罐中充分溶解，防止堵塞滴灌管（带）。在保证定量灌溉的基础上，先滴清水 10 min 确保滴头滴水畅通后，再打开施肥罐阀门进行追肥；追肥完成后为防止肥液中肥料结晶堵塞滴头，需继续滴清水，且时间不少于 10 min。定期清除过滤器中的杂质；发现管道接头或滴灌管（带）漏水应及时维修。要做到定期检查、及时维修系统设备，保证滴灌系统及时有效运行。

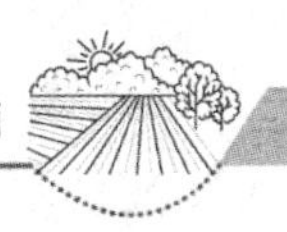

（二）水肥药一体化管理

1. 水肥管理

当秧苗高度不足 1 m 时通常不需要进行灌溉，这样能够促进根系的生长，提高植株的抗旱能力，如若田间较为干旱，必须灌溉，应该按照少量多次的原则进行灌溉，切忌大水漫灌。

山药的整个生长发育阶段，尤其是中后期，要做好田间的排涝，及时排除田间积水。当基肥不足时应该及时进行追肥处理。由于 6 月中下旬相邻两行的垄间布满了根系，此时追肥会伤害到山药的根部，因此追肥应该在 5 月底到 6 月初进行。一般每亩使用饼肥 50～60 kg，尿素 5～10 kg，磷肥 50 kg，硫酸钾 20 kg。生长后期选择使用 2%的磷酸二氢钾溶液，加入丰产灵 100 mL，进行滴灌，提高植株光合作用能力。

当山药藤爬满架子出现花朵之后，每亩使用 15%的多效唑可湿性粉剂 70g 兑水 50 kg 进行滴灌。在山药施肥管理过程中，切忌使用氯化钾或者氯化铵等肥料。

2. 施药

选药：防治炭疽病可选用 70%甲基硫菌灵可湿性粉剂，防治蛴螬可用 5%辛硫磷颗粒剂。甲基硫菌灵为 600～800 倍液，每亩用量 80～100 g；辛硫磷每亩用量 2～3 kg。

施药时间与频率：炭疽病在山药生长过程中易发生，视病情施药 2～3 次，间隔 7～10 d。蛴螬根据虫害情况适时施药。

滴灌方式：滴灌精准施药到根部土壤。喷灌辅助。

根部施药：种植前与基肥混合施药防治根部病害，对蛴螬可撒颗粒剂。提高药剂利用率，预防病害发生。

叶面施药：针对叶片病虫害喷雾，覆盖叶片。根据病情调整施药浓度和次数，确保防治效果。

十七、生姜

（一）设施安装

定垄后播种前安装喷灌设施，设施主要包括 7.5 kW 的压力泵和直径 1.8 m、长 3.8 m 的储水罐，用铁管道连接在一起，储水罐全部或大部分埋入土中。储水罐与管道接口处装有塑料过滤网，预防水中杂质堵塞喷管喷头。配备简易施肥器（下有出水口的 30~50 L 的盛水器），施用时将肥或药于施肥器中混匀，匀速流入储水罐。输水主管道选择承压能力在 0.6 MPa、直径 65 mm 的 PVC 管，分管道选择直径 20 mm 的 PE 管，型号 4/7 的毛喷管，G 型旋转喷头，喷灌分管道每 4 垄中间铺设 1 根，间隔 1.5~1.6 m 安装 1 根喷头，揭棚前用直径 0.5 cm、长 0.6 m 的钢筋作地插杆支撑喷头。揭棚后用直径 0.5 cm、长 1.8 cm 的钢筋作地插杆抬高喷头。

（二）水肥药一体化管理

1. 浇水管理

生姜全生育期需水量大。播种后应用喷灌设施浇足底水，保证苗齐苗壮。幼苗期保证供水均匀，不可忽干忽湿，一般视墒情 5~6 d 浇水 1 次；高温季节掌握小水勤浇，以降低地温，大雨后注意排水防涝。收获前 3 d 浇最后一水。

2. 追肥管理

生姜对水肥需求量较大，随水喷肥应掌握少施勤施，先喷肥水后喷清水的原则。

第一次在 6 月中下旬撤去棚膜以后，具有 1~2 个小分枝时进行，每亩随喷灌浇水追施中氮中磷高钾水溶肥 20~35 kg。

第二次在 7 月下旬培土调姜前，人工用施肥器进行 1 次重施肥，可每亩追施腐植酸生物有机肥 100~120 kg、中氮低磷高钾复合肥料 40~60 kg，然后进行培土调姜。以后至收获前

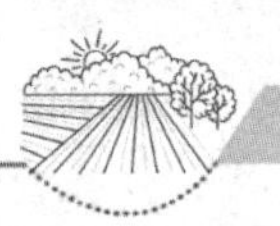

10～15 d，可随水追施中氮低磷高钾水溶性肥料 5～6 次，每次 8～15 kg。整个生育期可视秧苗长势随水喷施中微量元素肥料 3～5 次。

3. 施药

选药：防治姜瘟病可选用 72%农用硫酸链霉素可溶性粉剂，防治姜螟可用 2.5%溴氰菊酯乳油。硫酸链霉素为3 000～4 000倍液，每亩用量 80～100 g；溴氰菊酯为2 000～2 500倍液，每亩用量 20～30 mL。

施药时间与频率：姜瘟病在生姜生长过程中发现病害及时施药，视病情施药 2～3 次，间隔 7～10 d。姜螟根据虫害情况适时施药。

滴灌方式：滴灌均匀施药到根部土壤。喷灌辅助覆盖植株。

根部施药：种植前可将防治根部病害的药剂与基肥混合施入土壤，生长过程中也可通过滴灌施药防治姜瘟病等根部病害。提高药剂利用率，保障生姜根系健康生长。

叶面施药：针对姜螟等害虫，采用叶面施药。用喷灌器将药液均匀喷洒在叶片上，确保叶片受药均匀。根据病情调整施药浓度和次数，避免不利条件影响药效。

十八、秋葵

（一）施肥系统选择

一般选择滴灌施肥系统，施肥装置选择文丘里施肥器、压差式施肥罐或注肥泵，有条件的地方可以选择自动灌溉施肥系统。根据地形、地势、土壤质地、种植方式、水源特点等基本情况，设计管道系统的埋设深度、长度、灌区面积等。灌水方式可采用管道泵加压滴灌、重力滴灌、小管出流等。

在田间设计为定量施肥，包括蓄水池和混肥池的位置、容量、出口、施肥管道、分配器阀门、水泵肥泵等。

（二）水肥药一体化管理

1. 浇水

定苗后及时浇水，第一朵花开前适当控水，以防徒长。开花结果期要保证充足的水分，促进嫩果迅速膨大，防止土壤过干、果实纤维化，影响产量和品质，雨后要及时排除田间积水。

2. 科学追肥

秋葵生长期长，需肥量大。为保证秋葵营养供应，提高产量，在施足基肥的基础上，需定期多次追肥。定苗后，每亩施大量元素水溶肥 10 kg。立秋后半月追肥 1 次，每次每亩施用高钾复合肥 20 kg，连追 2~3 次，使用时将水溶性好的复合肥提前用水溶解于桶内，通过调节管道阀门即可完成灌水和施肥的转换。整个采收期内，为防止植株早衰，增加后期产量，可叶面喷溶肥、嘉施利水溶肥料等。

3. 施药

选药：防治疫病可选用 72%霜脲・锰锌可湿性粉剂，防治蚜虫用 10%吡虫啉可湿性粉剂。霜脲・锰锌为 600~800 倍液，每亩用量 80~100 g；吡虫啉为 1 000~1 500倍液，每亩用量 20~30 g。

施药时间与频率：疫病在秋葵生长过程中易发生，视病情施药 2~3 次，间隔 7~10 d。蚜虫根据虫害情况适时施药。

滴灌方式：滴灌精准施药到根部土壤。喷灌辅助。

根部施药：种植前与基肥混合施药防治根部病害，生长中滴灌施药。提高药剂利用率，预防病害发生。

叶面施药：针对叶片病虫害喷雾，覆盖叶片。根据病情调整施药浓度和次数，确保防治效果。

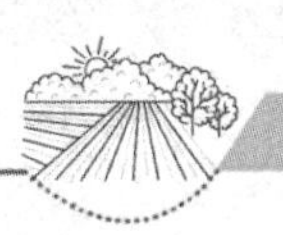

十九、食用菌

在食用菌类栽培中，采用滴灌技术进行水肥药管理，减少水分的浪费。

（一）水的供应

食用菌对水的需求量较大，且水分是控制食用菌生长和发育的关键因素之一。因此，在食用菌的栽培过程中，要确保水的供应充足，保持合适的土壤湿度。通常情况下，用于食用菌栽培的介质应保持湿润状态，但也不能过于潮湿，以免引发病害。

（二）肥料的施用

食用菌生长需要充足的营养，因此适量施用肥料可以有效提高产量和质量。一般来说，有机肥料如鸡粪、牛粪等可以提供菌丝生长所需的各种营养物质，但要注意适量施用，避免过量导致植株生长不良。

（三）施药

选药：防治杂菌污染可选用多菌灵、甲基硫菌灵等。根据具体情况确定药剂剂型和浓度。

施药时间与频率：在食用菌培养过程中，发现杂菌及时施药处理。

第三节　果树水肥药一体化应用

一、苹果

（一）铺设滴灌主管道

栽树前完成主管道的铺设工作。滴灌管长度在 100 m 左右，滴灌效果好。

（二）水肥药一体化管理

1. 轮灌施肥方式

每一轮灌区大约都有 4 h 的注肥时间，灌溉施肥的具体操作为：先结合轮灌区的具体情况计算需要的肥料量；然后计算 1 m^3 水中所能溶解的肥料量，也就是将肥料分批地溶入水中；再统计一桶营养液完全输出所需要的时间，进而得出注肥时间；最后完成注肥后持续滴灌 2 h，冲洗滴灌系统和各级管道中残留的肥料，防止水肥对整个系统的腐蚀。

2. 肥料的选择

滴灌施肥是一种高效的灌溉和施肥方式，能够提高水肥利用效率，减少环境污染，节约能源。在滴灌施肥中，选择合适的氮肥、磷肥和钾肥以及保证肥料的质量非常重要。

（1）氮肥选择和质量要求。选择尿素、硝酸铵、硝酸钾等高效氮肥。避免选择氯化铵等含氯离子的氮肥，因为氯离子会降低土壤 pH 值，影响作物生长。氮肥颗粒均匀、无杂质、水分含量低、含氮量高。

（2）磷肥选择和质量要求。选择磷酸二氢钙、磷酸氢二铵等高效磷肥。避免选择过磷酸钙等含有硫酸根离子的磷肥，因为硫酸根离子会降低土壤 pH 值，影响作物生长。保障磷肥颗粒均匀、无杂质、水分含量低、含磷量高。

（3）钾肥选择和质量要求。选择硫酸钾、硝酸钾等高效钾肥。

3. 施肥量的确定

为了准确读出施肥量的数值，相关人员需要测试土壤养分，将测试结果与目标产量结合确定施肥量。为了保持果园土壤的肥力，每亩果园在 1 年中应该施用 3t 的农家肥，而化肥类型的选用需要依据土壤测试结论。果园施肥应将传统施肥方式与滴灌施肥方式结合，苹果采摘完成而果树落叶还未开始

时，即每年的9—11月，在果园中施用所有的有机肥、约半数的速效磷肥与氨肥、约1/3的速效钾肥，至于剩余的肥料，要在翌年依据果树的生长状况与生长需求来选择施用，通常是在3月下旬、6月中旬、9月上旬利用滴灌施肥的方式为果树提供营养和水分。

4. 配套设施的准备

首先，粉碎苹果树枝条，并将其置于树盘周围。利用粉碎机将已经修剪了的枝条粉碎，覆盖在每株果树上，确保每株果树上有45~60 kg的覆盖量，厚度在2~3 cm。这样能够减弱水分蒸发，抑制杂草生长，保证苹果质量。

其次，苹果树行与行之间设置生草。既可以在行间安排人员种植草，也可以利用已有的天然草。人工生草常选用多年生草，例如豆科植物中的小冠花、矮化草木樨、三叶草，或者禾本科植物中的狗尾草、黑麦草等。

最后，使用保水剂。常见的保水剂有2种，包括淀粉丙烯酸盐共聚交联物与丙烯酰胺，前者吸水性好，但其功能只能保持2年左右；后者可以长期使用，但吸水倍率不高，果园管理者要依据实际情况进行保水剂的选用。

5. 施药

选药：药剂剂型可选用70%甲基硫菌灵可湿性粉剂防治病害，2.5%高效氯氟氰菊酯乳油防治虫害。甲基硫菌灵为600~800倍液，每亩用量80~100 g；高效氯氟氰菊酯为2 000~2 500倍液，每亩用量20~30 mL。

施药时间与频率：在苹果生长过程中，根据病虫害发生情况适时施药，一般视病情施药2~3次，间隔7~10 d。

滴灌方式：滴灌可精准将药肥混合液施入根部土壤，控制好滴灌速度，确保均匀。喷灌可在病虫害大面积发生时辅助覆盖植株。微灌可根据苹果需水需药情况局部精准施药。膜下滴灌在种植时覆盖地膜，保墒增温，减少杂草生长，根据病虫害调整滴灌位置和药量。

根部施药：可在种植前将防治根部病害的药剂与基肥混合施入土壤，或在生长过程中通过滴灌系统施药。提高药剂利用率，防治根部病虫害。如针对苹果根腐病等，选择合适药剂进行根部处理，保障苹果根系健康生长。

叶面施药：当病虫害发生在叶片和果实上时，采用叶面施药。用喷灌器将药液均匀喷洒在叶片和果实表面，确保受药均匀。根据病情调整施药浓度和次数，避免高温等不利条件影响药效。

二、梨

（一）水肥药一体化系统

1. 水源工程系统

采用机井提水工程、山塘泵站工程或水库取水工程，在水源保证的条件下建立 200 m^3 的蓄水池，挖好坑后在上面铺防渗膜。

2. 首部控制系统

主要由水泵机组、过滤系统、施肥系统、压力与流量监测保护系统等设备组成。

过滤系统：采用二级过滤程序，第一级在吸水管和吸肥管的入口包上 100~120 目滤网（不锈钢或尼龙网），第二级为手动自清洗过滤器或者自动反冲洗过滤系统。

施肥系统：一般通过建立施肥池（桶），采用泵吸肥法进行施肥。在泵房外设置敞口容器（肥料桶）盛放肥料溶液，也可在蓄水池旁用水泥建造 2.5~3.0 m^3 的混肥池。

压力与流量监测保护系统：在一定压力范围内保证系统正常工作，包括空气阀、止回阀及压力表。

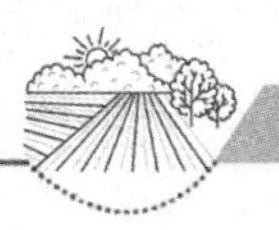

3. 田间管网系统

对于 1 个 10 hm^2 的中等果园，主管选用水压 1.0 Mpa、DN63 的 PVC 给水管，支管通常为 DN63 以下的小管径管道。滴灌管选用管径 16 mm 的厚壁 PE 管。果园地形起伏高差大于 3 m 时，应使用压力补偿式滴头，以保证管道各处的出水均匀一致。可选用耐特菲姆或托罗的流量为 4.0 L/h 的管上式压力补偿式滴头。滴灌管沿着种植行方向每行铺设 1 条，每株树按幼树第一年布置 2 个滴头，第三年开始布置 4 个滴头，滴头间距 40 cm。

（二）水肥药一体化管理

1. 灌溉制度的确定

根据梨的需水规律、土壤质地类型和土壤水分测定结果，确定灌水定额、次数和灌溉时间。具体灌溉时期和灌溉量为萌芽期涌泉灌 1 次，花期前涌泉灌 1 次，幼果膨大期即梨的需水临界期，应及时灌足水，涌泉灌 2 次，果实采收前涌泉灌 1 次；采果后畦灌 1 次，全生育期共灌水 6 次。

2. 施药

选药：防治黑星病可选用 40%氟硅唑乳油，防治梨木虱可用 10%吡虫啉可湿性粉剂。氟硅唑为 6 000～8 000倍液，每亩用量 10～15 mL；吡虫啉为 1 000～1 500倍液，每亩用量 20～30 g。

施药时间与频率：黑星病在梨树生长过程中视病情施药 2～3 次，间隔 7～10 d。梨木虱根据虫害情况适时施药。

滴灌方式：滴灌均匀施药到根部土壤。喷灌辅助覆盖植株。

根部施药：种植前与基肥混合施药防治根部病害，生长中可滴灌施药保护根系。提高防治效果，保障梨树健康生长。

叶面施药：针对叶片病虫害喷雾，覆盖叶片和果实。根据病情调整施药浓度和次数，避免在不利条件下施药影响药效。

三、桃

（一）灌溉系统设计

1. 确定工程设计参数

确定合理的桃设计耗水强度、土壤湿润比、灌水均匀度及灌溉水利用系数等指标。

2. 布置灌溉系统

要根据桃园区实际情况，以投资省、便于管理为原则，结合水源工程确定首部枢纽的位置；选择适宜的灌水器类型；毛管和灌水器的采用单行毛管直线布置、双行毛管平行布置或单行毛管带环状布置，可根据工程投资及农户需求而定。干、支管的布置形式取决于水源、地形、桃树分布和毛管的布置，力求管理方便、投资少。

3. 确定灌溉制度和工作制度

计算设计灌溉定额，确定1次灌水延续时间，如需采用分组轮灌的形式，还要确定轮灌组数目，并划分合理的轮灌组。

4. 管网设计

根据轮灌或续灌的实际情况，计算毛管、支管、干管等各级管道的流量；根据允许水头偏差的分配要求、管道经济流速等标准，结合管材的规格尺寸确定各级管道的实际管径；在确定各级管道管径后，根据轮灌组的划分情况，选择最不利轮灌组，计算管网水头损失；最终确定系统总扬程，并对水泵进行选型。

（二）施肥、过滤装置配套

桃园水肥药一体化技术实施时，可利用加压泵或重力自压式施肥法进行施肥，在灌溉系统的首部安装容量适宜的施肥阀或采用文丘里施肥器等。过滤设备可有效防止灌水器堵塞而影

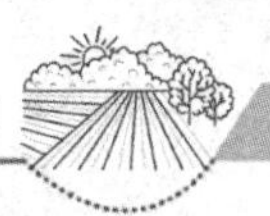

响灌水效果，是水肥药一体化技术中最为关键的设备之一。对于首部系统较大的园区，为确保灌溉质量可在施肥设备前后安装多级过滤设备；对于首部系统较小的园区，可仅在施肥设备之后安装过滤设备。

（三）水肥药一体化管理

1. 灌溉形式的选择

桃不耐旱也不耐涝。土壤干旱时，树体和果实发育迟缓，桃产量和品质会有所下降；土壤水分含量过大时，易引发流胶病。桃尤其适宜在空气湿润的环境中生长。适宜桃灌溉的现代节水灌溉技术包括滴灌、微喷灌和涌泉灌（也称小管出流灌）等形式。

滴灌是利用滴头将有压水流变成细小的水滴，湿润植物根区土壤的灌水方法。在系统首部加设施肥装置，可实现灌溉、施肥同时进行。滴灌是局部灌溉，比地面灌溉省水 30%～50%；滴灌系统可有效控制每个滴头的出水量，灌水均匀度高；滴灌肥料利用率高，比常规施肥节省 30%～60%；滴灌便于自动化控制，还可减少施肥、锄草等农事活动的劳动力投入，具有省工的特点。但滴灌也具有易堵塞、一次性设备投资较大、对肥料要求高、干旱少雨地区可能会引起盐分积累等缺点。

微喷灌与滴灌形式类似，也是利用管道输送有压水流，通过微喷头将有压水以喷洒状湿润土壤。微喷灌也具备节水、节肥、省工、灌水均匀度高等特点，但在这几个指标上，微喷灌技术要低于滴灌。但微喷头的孔径比滴头大得多，防堵塞性能好，对水质过滤要求低。同时，微喷灌可改善园区小气候，为桃生长提供更适宜的空气环境。但微喷灌的水分利用效率较滴灌低，同时影响肥料的利用效率，而且微喷灌的成本相对滴灌成本更高。所以，目前国内果园使用滴灌形式更多。但是国外果园灌溉使用微喷灌形式更多，这可能是因为水源情况不同，微喷灌抗堵塞效果更好，而且微喷灌还能改善田间小气候的缘故。

涌泉灌也称小管出流灌，是利用 φ4 的小塑料管替代滴头，并辅以田间渗水沟，形成一套以小管出流为特色的微灌系统。涌泉灌的流量大，克服灌水器易被堵塞的难题。涌泉灌设计简单，抗堵塞性能比较好，对水质要求不高，价格适中；但涌泉灌在节水、灌水均匀度等方面较微喷灌和滴灌形式差一些。

2. 施肥

一是基肥。于秋季果实采收后（9—10 月）结合耕翻改土施入。基肥每 100 kg 果施腐熟有机肥 150 kg，同时混入磷酸二氢铵 1.2 kg、硫酸钾 1.2 kg。一般每亩施 3 000~4 000 kg优质有机肥，以沟施为主，施肥部位在树冠投影范围内。施肥方法为挖放射状沟、环状沟或平行沟，沟深 30~45 cm，施后灌水。二是追肥。萌芽前及花后 7 d，每 100 kg 果追施尿素 0.5 kg，开 10 cm 深的环状沟施入；果实硬核期每 100 kg 果施尿素 0.3 kg；果实膨大期每 100 kg 果施硫酸钾 1.0 kg。追肥后及时灌水。采收前 30 d 禁止追肥。三是根外追肥。萌芽前喷 4%~5%硫酸锌，盛花期喷 1 次 0.2%的硼砂溶液，硬核期前喷 0.2%尿素、0.2%磷酸二氢钾。采收前 20 d 禁止根外追肥。

另外，有条件的产区，应根据土壤和叶的分析结果，进行营养诊断施肥。

3. 灌溉与排水

（1）萌芽前结合追肥灌 1 次水，硬核期灌 1 次水，采收前 15 d 禁止灌水，入冬前灌好封冻水。

（2）雨季前要疏通排水系统，保证雨季排水通畅。桃怕涝，严防桃园内积水。

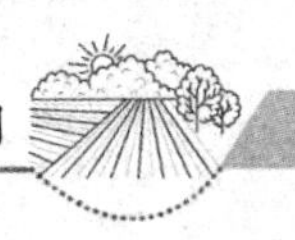

4. 施药

选药：防治炭疽病可选用 70% 甲基硫菌灵可湿性粉剂，防治蚜虫可用 10% 吡虫啉可湿性粉剂。甲基硫菌灵为 600~800 倍液，每亩用量 80~100 g；吡虫啉为 1 000~1 500 倍液，每亩用量 20~30 g。

施药时间与频率：炭疽病在桃树生长过程中视病情施药 2~3 次，间隔 7~10 d。蚜虫根据虫害情况适时施药。

滴灌方式：滴灌确保药液到根部土壤。喷灌用于大面积发生时辅助。

根部施药：种植前与基肥混合施药防治根部病害，生长中滴灌施药。提高药剂利用率，预防病害发生。

叶面施药：针对叶片病虫害喷雾，覆盖叶片和果实。根据病情调整施药浓度和次数，确保防治效果。

四、樱桃

（一）水源选择

在水源的选择过程中，在加强考虑水源充足量的基础上，更主要的是要保证水源的质量。针对农田灌溉所需要的水源来讲，必须强化其水质管理，确保其达到相关质量标准，否则不得应用农田灌溉当中。由于水肥药一体化用水有着较高的标准，并且对水质的杂质粒度同样有着较高的标准，其粒度要小于或者等于 120 目，只有控制好水的质量，才能够确保滴头不会出现堵塞的现象。只有在水源过滤措施达到相关标准规定的基础上，才能够将河水、井水等用于水肥药一体化设施中。

（二）灌溉设备的选择

灌溉设备选择是否科学合理，直接关系灌水施肥的质量。随着我国对灌溉设备的研究不断深入，灌溉设备实现了多样化，在诸多种类的灌溉设备中，能否选择适合樱桃灌溉所需要的设备成为关键。因此，在选择灌溉设备的时候，具体应用推广的水肥药一体化设备包括多种形式，例如过滤设备、灌水器、管道等，通常灌溉设备的选型主要根据过滤流量、系统流量而定。其中管道选型主要根据过滤流量而定。此外，由于水肥药一体化技术往往涉及酸性以及碱性肥液。因此，选择灌溉设备时要对其耐腐蚀性进行综合考虑，如果条件允许，尽可能地选择塑料产品。如果选择灌溉设备为金属产品，则需要根据实际需要，做好金属产品的防腐蚀措施。

（三）水肥药一体化管理

1. 灌溉形式的选择

樱桃不耐旱也不耐涝。土壤干旱时，树体和果实发育迟缓，樱桃产量和品质会有所下降；土壤水分含量过大时，易引发流胶病。樱桃尤其适宜在空气湿润的环境中生长。适宜樱桃灌溉的现代节水灌溉技术包括滴灌、微喷灌和涌泉灌（也称小管出流灌）等形式。

滴灌是局部灌溉，比地面灌溉省水30%~50%；滴灌系统（尤其是压力补偿式）可有效控制每个滴头的出水量，灌水均匀度高；滴灌肥料利用率高，比常规施肥节省30%~60%；滴灌便于自动化控制，还可减少施肥、锄草等农事活动的劳动力投入，具有省工的特点。但滴灌也具有易堵塞、一次性设备投资较大、对肥料要求高、干旱少雨地区可能会引起盐分积累等缺点。

微喷灌与滴灌形式类似，也是利用管道输送有压水流，通过微喷头将有压水以喷洒状湿润土壤。微喷灌也具备节水、节肥、省工、灌水均匀度高等特点，但在这几个指标上，微喷灌技术要低于滴灌。但微喷头的孔径比滴头大得多，防堵塞性能好，对水质过滤要求低；同时，微喷灌可改善园区小气候，为樱桃生长提供更适宜的空气环境。但微喷灌的水分利用效率较滴灌低，同时影响肥料的利用效率，而且微喷更高。所以，目

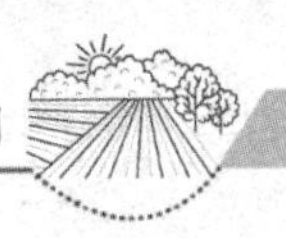

前国内果园使用滴灌形式更多。但是国外果园灌溉使用微喷灌形式更多，这可能是因为水源情况不同，微喷灌抗堵塞效果更好，而且微喷灌还能改善田间小气候的缘故。

涌泉灌也称小管出流灌，是利用小塑料管替代滴头，并辅以田间渗水沟，形成一套以小管出流为特色的微灌系统。涌泉灌的流量大，克服灌水器易被堵塞的难题。涌泉灌设计简单，抗堵塞性能比较好，对水质要求不高，价格适中；但涌泉灌在节水、灌水均匀度等方面较微喷灌和滴灌形式差一些。

2. 水肥一体化实施

樱桃园水肥一体化技术实施时，可利用加压泵或重力自压式施肥法进行施肥，在灌溉系统的首部安装容量适宜的施肥阀或采用文丘里施肥器等。过滤设备可有效防止灌水器堵塞而影响灌水效果，是水肥一体化技术中最为关键的设备之一。对于首部系统较大的园区，为确保灌溉质量可在施肥设备前后安装多级过滤设备；对于首部系统较小的园区，可仅在施肥设备之后安装过滤设备。易溶解、溶解快、杂质少是水肥一体化技术中肥料使用的基本要求。氮肥、磷肥、钾肥、镁肥、复合肥等无机肥料，具有养分含量高、肥料快等特点，适宜水肥一体化技术使用。但这些肥料养分单一，使用时应根据养分需求情况配合使用。有机液肥在水肥一体化技术中也可使用，但需要做好过滤。

3. 施药

选药：防治果蝇可用2.5%溴氰菊酯乳油，防治流胶病可选用50%多菌灵可湿性粉剂。溴氰菊酯为2 000~2 500倍液，每亩用量20~30 mL；多菌灵为600~800倍液，每亩用量80~100 g。

施药时间与频率：果蝇根据虫害情况适时施药。流胶病视病情施药2~3次，间隔7~10 d。

滴灌方式：滴灌均匀施药到根部土壤。喷灌辅助扩大范围。

根部施药：种植前与基肥混合施药防治根部病害，生长中滴灌施药。有效控制病情，保障樱桃生长。

叶面施药：针对果蝇等害虫喷雾，覆盖叶片和果实。根据病情调整施药浓度和次数，避免不利条件影响药效。

五、猕猴桃

（一）设备的组装及准备

1. 简易水肥药一体化施肥

将高压软管一边与加压泵连接一边与追肥枪连接，将带有过滤网的进水管、回水管以及带有搅拌头的另外一根出水管放入贮肥罐。检查管道接口密封情况，将高压软管顺着果树行间摆放好，防止软管打结而压破管子，开动加压泵并调节好压力，开始追肥。

2. 管道水肥药一体化施肥

将加压泵与施肥管道连接，检查加压泵机油、汽油及管道的密封情况，将需要施肥的果树行间管道阀门打开，在果树树冠垂直投影外延附近挖直径 15 cm、深度 20 cm 左右的施肥穴，将 4 个滴流管放入施肥穴中，然后启动加压泵开始追肥，追肥开始后要确认每个滴流管都运行正常。

（二）水肥药一体化管理

1. 配肥

每年对果园土壤进行取样测定，根据土壤养分测定结果，结合猕猴桃不同时期需肥特点，制定具体施肥方案，按照需求将有机肥、氮、磷、钾以及中微量元素按一定比例进行配肥。

2. 稀释

采用 2 次稀释法。首先用小桶将配方肥化开，然后再加入

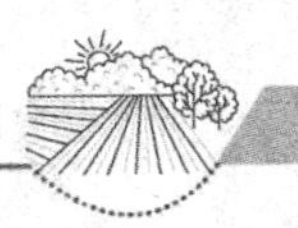

贮肥罐，对于少量水不溶物，直接埋入果园，不要加入贮肥大罐，加入配方肥进行稀释时要充分搅拌。稀释时肥料与水的比例一般不高于15%，高温季节不高于10%。

3. 施肥

（1）简易水肥药一体化施肥。在果树树冠垂直投影外延附近的区域，施肥深度在25 cm左右。根据果树大小，每棵树打6~8个追肥孔，每个孔注入肥液1.5~2 kg，两个注肥孔之间的距离不小于60 cm，每株树追施肥水12.5~15 kg。

（2）管道水肥药一体化施肥。每株果树分有4个滴流管，每个滴流管每分钟出水肥0.4 kg左右，施肥15 min，确保每株果树追施水肥20 kg。

4. 施药

选药：防治溃疡病可选用3%中生菌素可湿性粉剂，防治叶蝉可用10%吡虫啉可湿性粉剂。中生菌素为800~1 000倍液，每亩用量80~100 g；吡虫啉为1 000~1 500倍液，每亩用量20~30 g。

施药时间与频率：溃疡病在猕猴桃生长过程中视病情施药2~3次，间隔7~10 d。叶蝉根据虫害情况适时施药。

滴灌方式：滴灌精准施药到根部土壤。喷灌辅助覆盖植株。

根部施药：种植前与基肥混合施药防治根部病害，生长中滴灌施药。提高防治效果，保障猕猴桃健康生长。

叶面施药：针对叶片病虫害喷雾，覆盖叶片。根据病情调整施药浓度和次数，确保防治效果。

六、柑橘

（一）柑橘施肥设计

果树施肥按株数确定总量，传统的肥料撒施既要考虑施肥数量又要考虑施肥浓度，不仅会加大肥料消耗，而且需要大量的人力资源；而水肥药一体化灌溉施肥则能够按照特定比例施肥，避免出现浪费现象。在水肥药一体化灌溉施肥系统中，可借助移动式灌溉施肥机完成相关工作。水池旁边可建立敞口式混肥池，形状可以为方形或圆形，在池底安装肥液流出的管道，管道入口处用 100~120 目尼龙网包扎。

（二）配肥系统构建

配肥系统需要配备搅拌电机或水泵等设备。首先科学分析当前的种植效果，然后选用市面上水溶性肥或（和）单质肥按比例调配成一定浓度的液态肥。智能配肥系统能够进行精准施肥控制，系统设置水肥灌溉、管道清洗和数据管理等功能，可手动操控也可以自动操作。

（三）水肥药一体化管理

1. 制定灌溉制度

制定水肥药一体化灌溉制度时，需要与施肥统筹管理，灌溉浸透深度应控制在 40 cm 左右，并要求灌溉均匀，保证田间每株果树得到的水量一致。以滴灌为例，在林间不同位置选择几个滴头，用容器收集一定时间的出水量，比较不同位置的出水量即可了解灌溉是否均匀，要求不同位置流量差异<10%。也可以通过柑橘苗木长势来判断灌溉是否均匀。

2. 水肥管理

在柑橘种植过程中，水肥药一体化管理是保证柑橘高产、稳产的关键技术之一。结合水肥药一体化管理，在柑橘种植 10 d 左右，施加 10%淡人粪水 1 次，以促进幼苗生长，通过节水灌溉技术保证柑橘的水分供应。同时，应增施锌肥、铜肥与有机肥等，实现土壤理化特性改善和养分的持续供应，有效改善柑橘根部氧的供应情况，增强柑橘树的抗逆性，提高氮肥利用率，避免引起土壤酸化，进而实现柑橘优

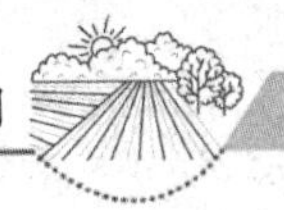

质高产。

3. 注意养分平衡

柑橘生长需要多种养分供应。为达到养分平衡，建议施肥时有机肥和化肥配合施用。当采用滴灌施肥时，滴头下根系生长密集、量大，对土壤养分供应依赖性减小，因而各养分的比例和浓度尤其重要，必须保证中微量元素配合施用。

4. 模式分析

(1) 滴灌管滴施模式。为避免因水肥供应不合理影响果树花芽分化和坐果，可应用水肥滴灌管滴施模式合理开展水肥药一体化管理工作，确保果树根系分布区域的土壤水肥充足。应用该模式，需要通过施肥器将肥料有效溶解，依照作物对水分、养分的需求规律进行水肥供给。在此过程中，需要以柑橘种植阶段为参考，将水肥缓慢地浸润到果树根系最发达的区域，目的是调节土壤水分肥料关系，实现柑橘科学施肥。在柑橘种植中，采用滴灌管滴施模式，借助相应的设备将肥料准确输送到滴灌管网中，可保证灌溉施肥的均匀性，降低柑橘种植成本，提高农户的经济效益。

(2) 水肥半机械半人工淋施模式。在柑橘种植过程中，如果果树缺少水分和肥料，会影响细胞分裂及生长，导致生长受到抑制。因此，种植中可应用半机械半人工淋施的方法。即利用动力将已经混合好的水肥吸入软塑胶水管中，对柑橘根部进行人工淋施。如果土壤板结，结合松土进行淋施可以有效提升柑橘种植效果。该模式适用于小面积柑橘园，不仅操作便利，还可节省大量时间和肥料。

5. 施药

选药：防治黄龙病目前尚无特效药剂，主要以预防为主，加强检疫和防治木虱。防治红蜘蛛可用20%哒螨灵可湿性粉剂。哒螨灵为2 000~3 000倍液，每亩用量20~30 g。

施药时间与频率：红蜘蛛根据虫害情况适时施药。

滴灌方式：滴灌均匀施药到根部土壤。喷灌辅助覆盖植株。

根部施药：种植前与基肥混合施药预防病害，生长中可滴灌施药提高植株抗性。

叶面施药：针对红蜘蛛等害虫喷雾，覆盖叶片。根据病情调整施药浓度和次数，避免在不利条件下施药影响药效。

七、葡萄

（一）系统设备组成

1. 首部枢纽

主要由柴油机或汽油机配套动力、水泵、过滤器、施肥系统（水溶肥注入泵、母液储藏罐等）、控制系统（压力表、流量与压力调节器、控制阀门、安全阀、进排气阀等）等组成。

2. 输配水管网

管网主要由 PVC 或 PE 等材料制造，组成主干管、支管、滴管的输送管网。

（二）水肥药一体化管理

1. 肥料种类

在葡萄的不同生长阶段，对于肥料有着不同的要求，因此在应用水肥药一体化的过程中，要结合葡萄的不同生长阶段，把握葡萄的营养元素需求，从而选取合理的肥料种类。结合葡萄的种植工作来看，在肥料种类的选取中，主要有以下几项要点：首先，对肥料量进行控制，一般来说，每 100 kg 葡萄浆果的磷素需求量为 0.1～0.3 kg，氮素需求量为 0.3～0.6 kg；其次，对营养元素之间的反应规律进行把握，避免出现滴灌堵塞的情况，在灌溉过程中，实现对经济效益和生态效益的有效

把握，提升葡萄的产量和质量；最后，对肥料的水溶性进行控制，多数肥料的水溶性都比较高，为了避免出现滴灌管道堵塞的情况，生产技术人员要发挥自身的能动性，了解肥料的水溶性，为葡萄植株的生长创造有利条件。

2. 灌溉系统

信息技术和信息设备的应用为农作物灌溉系统的优化和完善奠定了坚实的技术基础。结合我国农业行业的发展来看，灌溉系统趋于自动化和智能化发展。在水肥药一体化技术中，微喷灌和滴灌系统的应用较为广泛，因为这两类灌溉系统的适用性比较强，节能效果显著。两者虽然在灌溉方式上存在一定差异，但是灌溉原理相近，微喷灌系统借助灌水器连接相应的管道体系，将泵作为重要的动力输出，从而使得水可以定量供应，是灌溉工作中的一种重要节水技术，对于葡萄的生产和种植有着巨大帮助；滴灌系统能够结合酿酒葡萄的灌溉需求，对水压的大小进行调节，借助管道上的小孔完成灌溉工作，这种灌溉方式的前期投入成本比较低，后期的灌溉流程也比较简单，在农作物种植和生产中的应用较为广泛。

3. 选择灌溉方式

在葡萄种植过程中，水肥药一体化技术主要包括喷灌、滴灌和浇水。其中，喷灌利用喷头将水在压力下喷射到空气中，然后形成水滴迅速均匀地进入土层。滴灌是将管道系统与灌溉设备连接，利用水泵或管道内外阶梯水压差驱动，定期定量地为葡萄植株提供水肥。这项技术可以向根部土壤补充水分和养分。可以很好地控制水量和滴灌速率，提高水肥利用效率，防止土壤板结，并满足葡萄自身生长发育的需要。根据葡萄植株具体生长发育情况和种植技术要求合理选择灌溉方式，为葡萄植株的健康生长发育提供充足的水肥，真正达到提高葡萄产量的目的。

4. 施肥

葡萄在不同生长阶段所需营养的类型和数量不同，不同品种也不同。

（1）在葡萄萌芽阶段要及时增施磷肥。自蕾期至开花期，以磷、钾肥为主，萌芽期至开花期施肥量占年总用量的14%~16%。

（2）在开花期至果实膨大期间，氮、磷、钾、钙、镁肥施肥量分别为施肥总量的14%、16%、11%、14%、12%。

（3）从果实膨胀期至转色时期，是葡萄对养分需求最多的阶段。氮、磷、钾、钙和镁肥的年均使用量，分别为总年需求量的38%、40%、50%、46%、43%。开花期、坐果期和果实膨大期，都是葡萄中吸取微量元素最大的时期。此时，要辅以在叶面喷施铁、锰、铜、锌、硼等微量元素。

（4）着色期至采摘期，停止使用氮肥和磷肥，及时补充钾、钙、镁可增加果实着色度，并提高果实糖浓度，改善果实品质。

（5）采摘期后的施肥。葡萄在收获后是植株营养蓄积的关键时期，根系发育高峰期。这一时期施肥对葡萄生长的迅速恢复、提高营养水平、植株安全越冬及翌年葡萄的健康发育都十分关键，要适时补充，施用34%氮、28%磷、15%钾及22%的钙和镁。

5. 葡萄需水特点

葡萄整个生长周期的需水量峰值出现在萌芽和开花早期、嫩枝和幼果膨大、果实膨大期和果实收获期后。

在萌芽阶段和开花或结果的早期阶段，需要足够的水分供给，土壤相对湿度可维持在田间持水量的65%~75%。

葡萄生长需水的关键时期为幼果的膨大阶段和成熟期。此

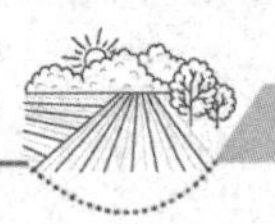

时土壤湿度宜维持在田间持水量的75%~85%。

而根部伸长后对水分和养分都较敏感。在果实的迅速膨大阶段，土壤湿度宜维持在70%~80%，此期间果实迅速膨胀，花芽分化明显。因此，及时施肥对果实生长和花芽分化有着很大影响。在果实收获后期，基肥宜秋季进行，并充分浇水，以促进根部生长和肥料的分解吸收，为翌年葡萄的成长提供良好条件。

6. 灌溉系统施肥注意事项

（1）环境监测。对水肥药一体化葡萄种植技术的运用，尤其是大型果园，应当采用水分检测装置，以及时了解周围土壤水分，保证检测结果的准确性，做好水分的补充，平衡土壤pH值，稳定种植园的土壤性质。

先进的土壤物联网检测系统和调节装置，是土壤检测仪器设备的基础选择。如果条件不允许，还可选用其他手持式pH仪和张力仪。

（2）防止过量浇水。施肥时通常需要保证土壤层20~40 cm的湿度。

7. 施药

选药：防治霜霉病可选用72%霜脲·锰锌可湿性粉剂，防治葡萄透翅蛾可用2.5%高效氯氟氰菊酯乳油。霜脲·锰锌为600~800倍液，每亩用量80~100 g；高效氯氟氰菊酯为2 000~2 500倍液，每亩用量20~30 mL。

施药时间与频率：霜霉病在葡萄生长过程中视病情施药2~3次，间隔7~10 d。葡萄透翅蛾根据虫害情况适时施药。

滴灌方式：滴灌确保药液到根部土壤。喷灌用于大面积发生时辅助。

根部施药：种植前与基肥混合施药防治根部病害，生长中滴灌施药。提高药剂利用率，预防病害发生。

叶面施药：针对叶片病虫害喷雾，覆盖叶片和果实。根据病情调整施药浓度和次数，确保防治效果。

八、板栗

（一）水肥药一体化系统组成

水肥药一体化技术是通过施肥装置与灌水器，将水肥混合溶液均匀且按时、定量地输送至作物根系附近，还可以依据不同作物的需水需肥规律调整管理方案，以保证作物生长发育期所需的养分与水分供应，实现水肥药一体化管理。

基于 PLC 控制的果园水肥药一体化控制系统，系统能够实现自动控制、手动控制和远程控制，在水肥的自动决策中，采用了模糊控制算法来进行决策系统的构建，充分结合了果园中的局部气象环境信息和人工种植经验来对水肥进行合理的控制，增强了园区的灌溉施肥作业的便利性。由控制中心、灌溉施肥系统、土壤墒情采集系统三大模块构成的全自动水肥药一体化系统，控制系统中心采用 PLC 技术和触摸显示屏技术相结合，通过触摸显示屏界面选择水池和自来水两种灌溉水源方式，设定手动和自动两种水肥运行模式，实现水肥的定时定量以及自动化控制。

（二）水肥药一体化管理

1. 施肥方式

由于水资源紧缺，传统板栗种植都是依靠自然降雨，板栗的产量和品质均无法得到保障。为了提高板栗的产量和品质，促进当地经济发展，各地政府开始启动对部分山区板栗的节水灌溉。水肥药一体化技术的施肥方式主要包括微灌和喷灌，但在板栗上的应用较少，后期可参照在其他果树上的应用进行推广。

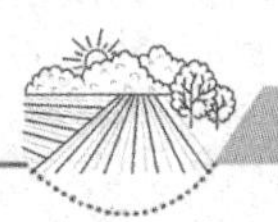

（1）微灌。微灌是根据不同植物不同生长阶段的需水规律，持续且均匀地将所需水分输送至植物根系附近的灌溉方式。当前已衍生出滴灌和微喷灌等方式，这两种应用方式在农业生产中应用较为广泛。水肥药一体化滴灌技术的核心是利用滴灌设施将水和肥料送到树体的根部，从而达到节水、节肥、高效、省工的目的，此技术可以最大化地提高植物对水肥的利用率，随时准确掌握肥料用量，确保果树适时适量精准施肥。滴灌技术对于肥料的要求非常严格，要求肥料有较高的溶解度，在常温或者大田温度下能够完全溶解于水中，以免堵塞管道。不同果园滴灌施肥的产量提高 21.93%、7.69%、6.67%，糖酸比提高 8.58%、31.56%、21.43%，肥料的偏生产力提高 45.3%、41.5%、42.9%，水分利用率提高 29.6%、23.6%、19.9%。

微喷灌技术又称为雾滴喷灌，是在滴灌与喷灌技术的基础上研发的一种先进的水肥药一体化技术，通过微喷头将水分、养分细密地滴灌到果树根系周围地表，促使根向四周均匀分布，微喷灌技术比喷灌技术更节水，适应性也更强。微喷灌比滴灌灌溉范围更广，但单位面积的安装成本比滴灌高 20%~30%，滴灌比微喷灌更节水，滴灌连续灌溉时间不超过 3 h。

（2）喷灌。喷灌水肥药一体化技术是利用喷头将水喷射到孔中，形成细小水滴，洒落到土壤和作物表面以供给植物所需水分和养分的灌溉方式。灌水较施肥对板栗产量有更大的促进作用，是保证板栗产量和树体生长的重要条件。

2. 施药

选药：防治栗疫病可选用 50%多菌灵可湿性粉剂，防治栗实象鼻虫可用 2.5%溴氰菊酯乳油。多菌灵为 600~800 倍液，每亩用量 80~100 g；溴氰菊酯为2 000~2 500倍液，每亩用量 20~30 mL。

施药时间与频率：栗疫病在板栗生长过程中视病情施药 2~3 次，间隔 7~10 d。栗实象鼻虫根据虫害情况适时施药。

滴灌方式：滴灌均匀施药到根部土壤。喷灌辅助扩大范围。

根部施药：种植前与基肥混合施药防治根部病害，生长中滴灌施药。有效控制病情，保障板栗生长。

叶面施药：针对害虫喷雾，覆盖叶片。根据病情调整施药浓度和次数，避免不利条件影响药效。

九、杧果

（一）施肥装置

1. 旁通施肥罐

肥料罐是用抗腐蚀的陶瓷衬里或镀锌铸铁、不锈钢或纤维玻璃做成，罐体上设有加肥口、顶紧装置和排液管，罐体顶部设有带单向阀的进气接头和多用管，多用管一端伸入罐体内，另一端设有阀和流量计。肥料罐需要的压差由入水口和出水口间的节制阀获得。根据进出肥料管两端水流压力差的不同，通过水流将肥料带入灌溉系统中。

2. 注射泵

泵的动力包括水力、电力和内燃机等，常用的类型有膜式泵、柱塞泵等。注射泵是一种精确施肥设备，一般使用液体肥料，可控制肥料用量或施肥时间。

（二）水肥药一体化管理

1. 施肥管理

（1）肥料选择与施肥原则。水肥一体化微喷灌系统对肥料的要求是具有较好的水溶性。常用的化学肥料有尿素、碳酸

氢铵、硫酸铵、硝酸铵钙、氯化钾（白色）、硫酸钾、硝酸钾、硝酸钙和硫酸镁等。由于磷在土壤中的难移动性，且目前适合微灌的磷肥在市场上不易买到，通常建议果园通过土壤施用磷肥，可以在果树定植或改良土壤时与有机肥一同施用。微量元素一般不单独通过灌溉系统施用，主要是通过施含微量元素的水溶性复合肥或喷施微量元素的叶面肥来解决。水溶性复混肥是近年兴起的一种适于灌溉施肥系统的新型肥料，包括大量元素水溶性肥料、中量元素水溶性肥料、微量元素水溶性肥料、含腐植酸的水溶性肥料、含海藻酸水溶性肥料和有机水溶性肥料等。

（2）施肥模式。

泵吸肥法。泵吸肥法是利用离心泵吸水管内形成的负压将肥料溶液吸入系统，适合几十公顷以内面积的施肥，主要用于水泵加压的灌溉系统。该施肥法的优点是不需外加动力，结构简单，操作方便，可用敞口容器盛放肥料溶液，也可在蓄水池旁用水泥建造混肥池。该法要求水源水位不能低于泵入口10 m。

泵注肥法。泵注肥法是利用加压泵将肥料溶液注入有压管道，适于用深井泵或潜水泵抽水直接灌溉的地区，其施肥速度可以调节，施肥浓度均匀，操作方便。吸肥泵通常用旋涡自吸泵，扬程必须高于灌溉系统设计的最大扬程。通常参数为：电源220 V或380 V，额定功率0.75~1 kW，扬程50 m，流量3~5 m^3/h。

自压微重力施肥法。在不需要外加动力的基础上，借助自压重力进行施肥，为重力自压式施肥法。在丘陵山地果园，通常引用高处的山泉水或将山脚水源泵至高处的蓄水池。同时在蓄水池顶部或蓄水池旁边高于水池液面处建立一个0.5~2.0 m^3 的敞口式混肥池，通过阀门和三通与给水管连接，肥料母液通过自身重力被主管道的水流稀释带入灌溉系统，通过调节混肥池底球阀的开关位置，可以控制施肥速度和施肥时间从而精确控制施肥量。

2. 水分管理

整个灌溉季节可用张力计监测表层和深层土壤的水势，从而制订最优的灌溉计划。对于非过黏或过沙质土壤而言，张力计通过精细调节蒸腾蒸发系数以确定每日灌溉量。根据我们多年试验结果，每个观察点至少要用两支张力计，一支埋深30 cm，一支埋深60 cm。

观察点的数目由果园面积及土壤复杂程度确定。张力计应固定在离微喷头20~30 cm处，由埋深30 cm张力计读数决定何时开始灌溉（15 kPa），60 cm张力计读数回零时停止灌溉。主要灌水时期为抽梢期、花期和果实生长发育期。在开花前至秋梢老熟期，一直保持土壤处于湿润状态，土壤含水量保持在25%左右。当对微喷灌系统有一定的使用经验后，可以用挖土指测法等简单方法了解土壤水分状况。

3. 施药

选药：防治炭疽病可选用70%甲基硫菌灵可湿性粉剂，防治杧果象甲可用2.5%溴氰菊酯乳油。甲基硫菌灵为600~800倍液，每亩用量80~100 g；溴氰菊酯为2 000~2 500倍液，每亩用量20~30 mL。

施药时间与频率：炭疽病在杧果生长过程中视病情施药2~3次，间隔7~10 d。杧果象甲根据虫害情况适时施药。

滴灌方式：滴灌精准施药到根部土壤。喷灌辅助覆盖植株。

根部施药：种植前与基肥混合施药防治根部病害，生长中滴灌施药。提高防治效果，保障杧果健康生长。

叶面施药：针对叶片病虫害喷雾，覆盖叶片和果实。根据病情调整施药浓度和次数，确保防治效果。

十、草莓

（一）水肥药一体化系统组成

草莓智能水肥药一体化灌溉施肥系统，可以细分为供水、过滤、施肥、管道、自动控制等若干子系统，现对各个子系统逐一分析。供水系统，需要修建一个蓄水池，储存地下水或引入山泉水，并在园中安装 3 kW 水泵。过滤系统，需要在供水主设置筛网过滤器，以及配套的自动反冲洗过滤器，避免杂物进入灌溉系统而堵塞滴头。施肥系统，采用国外进口的施肥机，配备 3 个 500 L 储肥罐。管道系统，包括主管、支管、毛管、滴头，管道选用 PE 管材，支管道选用温室滴灌带，将滴灌带孔距控制在 30~40 cm。自动控制系统，由若干设置在塑料大棚内的采集设备、监控终端、数据传输单元构成，可以根据草莓种植需求，对智能水肥药一体化灌溉施肥系统子系统进行有效控制。

（二）水肥药一体化管理

1. 灌溉施肥用量

底肥占总施肥量的 30%，现蕾期第一次追肥，每 10 d 随水追施水溶肥（$N : P_2O_5 : K_2O = 1.5 : 1 : 1$）2~3 kg/亩，每次灌水量为 1.5~2 m^3/亩；开花后，每 7~10 d 随水追施水溶肥（$N : P_2O_5 : K_2O = 1.5 : 1 : 1$）2~3 kg/亩，每次灌水量为 1.5~2 m^3/亩；果实膨大期，每 7~10 d 随水追施水溶肥（$N : P_2O_5 : K_2O = 2 : 1 : 4$）2~3 kg/亩，每次灌水量为 1.5~2 m^3/亩。在开花坐果期之后注意叶面喷施钙、硼、锌、硅肥。

2. 灌溉施肥操作

将肥料进行充分混合，放置在溶肥器，使用清水进行溶解。

将溶肥器与种植区域的滴灌系统进行对接，根据测试仪器设备检测土壤墒情，以智能技术控制每次滴灌施肥的量。每次灌溉时，需要先灌入本次灌溉量的1/3，再做相应的施肥作业。完成施肥作业后，再灌入本次灌溉量的2/3，利用清水对管道进行冲洗，既可以有效预防滴管发生堵塞现象，也可以借助水的流动性，将肥料渗入土壤中，提升肥料应用效果。

3. 施药

选药：防治白粉病可选用25%三唑酮可湿性粉剂，防治红蜘蛛可用20%哒螨灵可湿性粉剂。三唑酮为800~1 000倍液，每亩用量50~70 g；哒螨灵为2 000~3 000倍液，每亩用量20~30 g。

施药时间与频率：白粉病和红蜘蛛在草莓生长过程中视病情施药2~3次，间隔7~10 d。

滴灌方式：滴灌均匀施药到根部土壤。喷灌辅助覆盖植株。

根部施药：种植前与基肥混合施药防治根部病害，生长中滴灌施药。提高药剂利用率，预防病害发生。

叶面施药：针对叶片病虫害喷雾，覆盖叶片和果实。根据病情调整施药浓度和次数，确保防治效果。

十一、桑树

（一）桑树水肥一体化系统的建设要点

桑树水肥一体化建设应综合考虑排水系统、桑树栽植密度以及桑树除草等各项因素。

一是必须高度重视桑树排水系统建设，因地制宜做好开深沟、背沟的工作。

二是应建立适宜桑树水肥一体化技术的桑树栽植形式，建议每亩桑树的桑树栽植控制在740株以内。

三是将桑树水肥一体化系统与桑树覆盖地布的措施联合

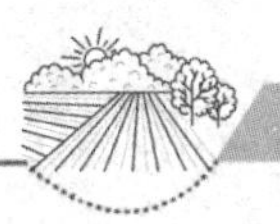

应用，以有效降低对桑树杂草的防控难度和提升水肥的利用率。

（二）水肥药一体化管理

1. 制定水肥制度

桑树水肥药一体化微喷灌系统是在综合考虑作物、土壤类型、气象条件等因素下按照最不利情况进行设计的。桑树在不同生长期需要的水分和养分完全不同，不能全年始终采用同一水肥制度，如果灌溉施肥时间太长，则会产生水资源和肥料的深层渗漏浪费，造成土壤恶化和环境污染等问题。如果灌溉时间太短，桑树根系又将发生水分胁迫，且养分供给不足。在实际灌溉和施肥过程中，管理人员应根据气候状况和桑树生长的不同时期，按照肥随水走、少量多次、分阶段拟合的原则制定合理的水肥制度，包括灌水定额、灌水周期、灌水次数、一次灌水延续时间、施肥量等。根据桑树的灌水规律，将肥料按灌水时间和次数进行分配，适当增加追肥数量和追肥次数，实现少量多次，提高养分利用率。

2. 肥料使用注意事项

选用溶解性好的水溶性肥料或者液态肥料，要求其溶解度和纯度都要高，没有杂质，同时相容性要好，使用时不会相互作用形成沉淀物，避免造成管道和微喷头堵塞。在条件允许的情况下，固态肥料优先选用完全速溶性肥料，如果选用不能完全溶解的肥料时，需先将肥料放置于盆或桶等容器中，加水溶解，将未溶解部分去除后，再倒入施肥桶中施用。

3. 施药

选药：防治桑疫病可选用50%多菌灵可湿性粉剂，防治桑螟可用2.5%溴氰菊酯乳油。多菌灵为600~800倍液，每亩用量80~100 g；溴氰菊酯为2 000~2 500倍液，每亩用量20~

30 mL。

施药时间与频率：桑疫病在桑树生长过程中视病情施药2~3次，间隔7~10 d。桑螟根据虫害情况适时施药。

滴灌方式：滴灌均匀施药到根部土壤。喷灌辅助覆盖植株。

根部施药：种植前与基肥混合施药防治根部病害，生长中滴灌施药。提高防治效果，保障桑树健康生长。

叶面施药：针对叶片病虫害喷雾，覆盖叶片。根据病情调整施药浓度和次数，确保防治效果。

十二、蓝莓

（一）选用合适的设施设备

对当地土壤、地貌、气象、基地布局、水源保障等因素进行综合分析，系统规划、设计和建设安全可靠的水肥药一体化灌溉设施装备。

（二）水肥药一体化管理

1. 水分管理

蓝莓对水分比较敏感，不同生长季节对水分的要求不同，需要经常保持土壤湿润、不积水。

（1）营养生长阶段，保持适宜的水分条件可促进植株强壮。

（2）果实发育时期和果实成熟前，适当减少水分供给，防止营养生长过旺，与果实争夺养分。

（3）果实采收后，恢复水分供应促进植株营养生长。

（4）中秋至晚秋，为促进植株及时进入休眠期，应减少水分供给。在遇到伏旱或秋旱时，如果高温（35℃以上）连续超过15 d时，需要及时进行喷灌降温、增加空气湿度。

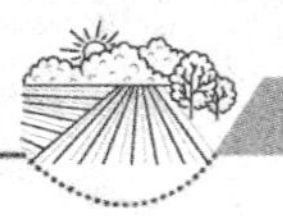

2. 养分管理

蓝莓对养分需求比较严格，切忌一次施用过多、过浓的肥料。蓝莓对氨态氮比硝态氮吸收更好，对氯元素比较敏感，因而应避免选择氯化铵、氯化钾。为适应水肥药一体化的系统要求，一般应选择腐蚀性小、溶解速度较快、溶解度高、与灌溉水相互作用小的肥料种类，如硫酸铵、硫酸钾等。不同肥料搭配施用，应充分考虑其之间的相容性，混合后会产生沉淀的肥料要单独施用，避免肥料相互作用产生沉淀或拮抗作用。推广应用水肥一体技术，应根据蓝莓生长需肥规律，确定施肥时间、施肥次数及施肥量，并优先施用能满足蓝莓不同生育期养分需求的水溶复合肥料。

蓝莓一般在开花前和采完果实后会形成 2 个明显的需肥高峰，施肥不足或过量都会对蓝莓的生长发育不利，应及时在进行土壤基础养分及蓝莓田间长势和叶片分析的基础上，科学确定施肥量。施肥过程中，应对灌水器流出的水溶液浓度进行定时监测，以防肥害。

3. 系统维护保养

要定期检查、及时维修水肥一体化系统设备，防止漏水。每次施肥时应先滴清水，待压力稳定后再进行施肥，施肥完成后再滴清水，以清洗管道。另外，做好易损部件保护，及时清洗过滤器，定期对离心过滤器集沙罐进行排沙。

4. 施药

选药：防治灰霉病可选用 50%腐霉利可湿性粉剂，防治蚜虫可用 10%吡虫啉可湿性粉剂。腐霉利为1 000~1 500倍液，每亩用量 80 ~ 100 g；吡虫啉为1 000 ~ 1 500倍液，每亩用量 20 ~ 30 g。

施药时间与频率：灰霉病和蚜虫在蓝莓生长过程中视病情施药 2~3 次，间隔 7~10 d。

滴灌方式：滴灌精准施药到根部土壤。喷灌辅助覆盖植株。

根部施药：种植前与基肥混合施药防治根部病害，生长中滴灌施药。提高防治效果，保障蓝莓健康生长。

主要参考文献

黄喜良，2024. 水肥一体化工程设计技术［M］. 郑州：中原农民出版社.

梁嘉敏，杨虎晨，张立丹，等，2021. 我国水溶性肥料及水肥一体化的研究进展［J］. 广东农业科学，48（5）：64-75.

任秀娟，程亚南，王丙丽，2023. 水肥药一体化应用技术［M］. 北京：中国农业出版社.

王云爱，于海欧，徐菊敏，2013. 现代农业“水肥药一体化”技术［J］. 中国农业信息（1S）：89.

杨欢，2023. 水肥药一体化灌溉研究进展［J］. 水利技术监督（8）：273-275.

杨淼，任永霞，张财先，2023. 绿色防控水肥一体化实用技术［M］. 赤峰：内蒙古科学技术出版社.